U0174441

总师大讲堂

结构设计——从概念到细节

李永康 马国祝 编著

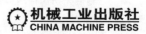

机械工业出版社
CHINA MACHINE PRESS

本书根据作者多年从事结构设计和施工图审查的工作经历，系统地思考和总结了结构设计人员应该掌握的专业知识和思维方法。从现实的设计人员状况和所面临的形势及任务出发，不仅对设计人员所必须掌握的结构技术基础知识进行了精炼的讲解，更有针对性地对设计工作中涉及的各种设计思路、软件应用、实践经验进行了简明易懂的阐述，主要内容包括：结构设计的目标和方法、结构概念的形成与应用、混凝土结构中的概念设计、钢结构设计中的概念设计、建筑抗震概念设计、结构软件理解和应用、规范条文正确理解和应用、抗震支吊架概念设计、结构设计审查表格清单等。

图书在版编目（CIP）数据

结构设计：从概念到细节/李永康，马国祝编著 . —北京：机械工业出版社，2022.2

（总师大讲堂）

ISBN 978-7-111-69956-9

Ⅰ.①结… Ⅱ.①李… ②马… Ⅲ.①结构设计 Ⅳ.①TU318

中国版本图书馆 CIP 数据核字（2021）第 266415 号

机械工业出版社（北京市百万庄大街 22 号　邮政编码 100037）

策划编辑：薛俊高　责任编辑：薛俊高

责任校对：刘时光　封面设计：张　静

责任印制：李　昂

北京联兴盛业印刷股份有限公司印刷

2022 年 1 月第 1 版第 1 次印刷

148mm×210mm・8.25 印张・2 插页・236 千字

标准书号：ISBN 978-7-111-69956-9

定价：69.00 元

电话服务　　　　　　　　　网络服务

客服电话：010-88361066　　机 工 官 网：www.cmpbook.com

　　　　　010-88379833　　机 工 官 博：weibo.com/cmp1952

　　　　　010-68326294　　金 书 网：www.golden-book.com

封底无防伪标均为盗版　　机工教育服务网：www.cmpedu.com

　　我非常清楚，要写出一本有关结构概念设计及细节的书是一种不自量力的行为。实际上，论述概念设计的出色的著作，可以列出一个很长的书单。大师如林同炎、高立人、方鄂华、钱稼茹、罗福午和郁彦等，这些结构界的泰斗根据自身多年设计实践的积累进行了理论研究的总结，特别是对高层建筑概念设计给出了一些独特性见解。而本书的编写思路，在于立足当下的结构设计界实际状况，帮助设计人员解决以下的问题：

　　（1）当结构设计变为"规范＋手册＋计算软件"一统天下，有的设计人员连基本的计算能力都已遗忘，结构设计变成了一种操作工具，只是等待建筑师给出一个建筑方案，然后设法去建模搭积木完成施工图。

　　（2）仅仅依靠在大学所学的专业知识已无法应对实际工程的需要。不仅是刚毕业的新人，就是已工作多年的设计人员也需要在有限的时间内正确地掌握结构设计基本概念及其细节，并使之变为自己的东西，同时及时更新自己掌握的知识库。

　　（3）随着专业软件的应用，结构设计人员正不断地从繁琐的计算中解放出来。这是一把双刃剑，在减轻设计人员工作量的同时对设计人员也提出了更高的要求，既要熟练掌握计算机，又能理解结构的基本概念，并具备手算复核能力。

　　（4）结构设计正从"满足规范和构造要求"这一传统设计方法向"创新"的方向过渡。需要结构工程师对结构方案有总体把握，具备设计概念、经验、悟性、判断力和创造力等综合能力。

　　（5）结构建模计算中各类参数的设置及边界条件的确定，对保证结构安全至关重要，设计人员需花大量的时间和精力确定相应的设计参数，一方面效率很低，另一方面有可能造成错选和漏项，导致结构设计存在安全隐患。

因此，作为本书编写的一大原则是，不仅对结构的基础知识给予足够的重视，而且还针对性地举出各种工程实例，尽可能把结构概念阐述得简明易懂，并列出了一些施工图审查中非常实用的表单及设计过程中容易违反的条文。主要内容包括：结构设计的目标和方法，结构概念的形成与应用，混凝土结构中的概念设计，钢结构设计中的概念设计，建筑抗震概念设计，结构软件理解和应用，规范条文正确理解和应用，抗震支吊架概念设计，结构设计审查表格清单。

最后要特别感谢为本书提供素材、建议和灵感的很多人，包括我的同事、同行和朋友。他们曾慷慨地给予我帮助，尤其是本书编辑薛俊高先生以及机械工业出版社的多位编辑付出了他们一贯的耐心和友善，在此表示诚挚感谢！限于本人水平，书中错误之处在所难免，敬请读者批评指正。

编　者

2021 年 5 月 10 日

目录

第1章 结构设计的目标和方法

做出一个好的设计，使之既满足安全及性能的要求，预算造价又最小，并不是一个新话题。从从事结构工程设计开始，保证结构安全和耐久性就是对结构设计人员最基本的要求，也是结构工程师四个层次中的最初级水平。因此，对于一项结构工程来说，结构设计做到安全和耐久只是初级层次，而创造力和创新才是结构工程师对设计的最大贡献（图1.1）。

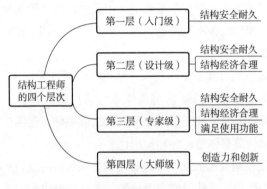

图1.1 结构工程师的四个层次

1.1 结构工程师四个层次与结构设计的目标

1. 第一层次（入门级）

满足建筑结构的安全要求，这也是对一名结构工程师的入门级要求。

1）确定结构体系和结构布置，将建筑图转化为结构空间模型。结构布置应满足受力明确，构造简单的原则。

2）结构体系安全（整体性要求）

3）结构构件安全（局部性要求）

4）施工图设计

2. 第二层次（设计级）

既满足建筑结构的安全要求，又满足建筑的经济性要求。

1）结构选型

2）结构布置

3）计算参数的合理选择

4）优化结构构造配筋

5）计算配筋要结合受力图来进行实际配筋

6）满足抗震概念设计原则

3. 第三层次（专家级）

这一层次是指在现有技术基础上，用最经济的手段来获得预定条件下满足设计所预期的各种功能的要求，做到安全使用、经济合理、技术先进和确保质量。

（1）满足耐久性和安全性要求　结构耐久性和安全性是建筑结构优化设计最基本的要求，选择的结构体系和选用的材料，必须有利于抗风、抗震、抗洪以及方便使用寿命期间的改造维修，在偶然事件发生时仍能保持其结构的整体稳定性和耐用性。

（2）满足使用性的要求　即进行结构方案设计时应以更好地满足人们对建筑使用性和舒适性的要求为目的，充分考虑结构中各类与之相关的问题，做到面面俱到。

（3）满足经济性的要求　即结构设计时应根据建筑的建造地点、规模大小、高度多少等，在满足耐久性、安全性和使用性要求的前提下，精打细算采用既经济又合理的优化结构体系，以起到节约成本的功效。

4. 第四层次（大师级）

一名合格的结构工程师不仅是将建筑师的方案按规范要求建起来，这只是对结构工程师的基本要求。结构方案的确定与布置主要靠工程师的正确判断力，同时还必须要用概念性分析来做检验，并以此进行多次反馈与优化，直至建筑师和业主都满意为止。建筑物首要满足的是使用功能，把注意力倾注于业主的这个需求上，不仅能拓宽结构工程师的设计思路，还能激发其创新精神，随着计算机分析能力的增强，很多结构工程师却忽略了所设计建筑物的综合经济效益（成本与价值）这种更高层面上的要求。创新不是凭空想象，而恰恰是在为尽力满足业主和建筑师要求下才不得不去面对和开拓的。创新不但取决于创造力，同时还要靠经验的长期积累。当前辈在某个领域内将其研究透彻，达到顶峰后，后来者只有在他的这个基础上，再经过行业长期的积累、探索、发展，量变引起质变，才会有新的高峰出现，推陈出新成为新领域内的大师。

1.2　结构设计的六种思维方式

结构工程师层次 = 思维方式 × 热情 × 能力。这是日本企业家稻盛和夫在《思维方式》一书中，提出的一个公式。在他看来，拥有正确的思维方式，甚至比拥有智商、体魄等其他能力更为重要。许多情况下，处理事情的逻辑和方法，才是结构设计人员跳出困境的首要因素。了解以下六点，也许对打破你的固有思维有所启发。

1. 结构思维方式

结构思维方式也可称为力学思维方式。是数学思维与工程思维相结合的双向思维模式，包括三个落脚点和两条逻辑线。三个落脚点指数学、力学和工程；两条逻辑线：一是从工程经过力学到数学，二是从数学经过力学到工程。这种双向思维使得力学成为连接理论与工程实践的桥梁。在力学思维中，有三种语言必须掌握，它们分别是专业语言（我们平时交流的行话）、几何语言（弯矩、剪力和轴力等受力图）、数学符号语言（力学方程分析等）。这三种语言相互协作将力学概念准确、清楚地表述出来，三种语言对于力学思维缺一不可。一个人的力学思维空间维度越高、广度越大，他就越可以获得更大的创新和创造空间。

2. 奥卡姆剃刀定律

奥卡姆剃刀定律的出发点就是：大自然不做任何多余的事。如果你有两个结构方案，它们都能实现建筑师的要求，那么你应该用简单的那个。在一些结构人员的印象中，思维方法总是与复杂联系在一起。他们凡是总往复杂的地方想，而且以为解决问题的方式越复杂就越高级，以致钻进牛角尖里无法出来。事实上，把视角放在结构问题本身，学会把复杂的结构问题简单化才是一种大智慧。现代结构设计不仅要挑战超高层、大跨度、大悬挑，还要面对层出不穷的各类体态奇特，受力复杂的新颖结构。结构设计时不可能将如此错综复杂的结构构件的受力传力及其产生的变形和内力准确无误地反映出来。设计工作通常采取将复杂问题简单化，那些置简单易行、满足功能的结构不用反而人为地把结构复杂化的做法，显然是违背了设计的初衷。

3. 局部和整体思维

建筑结构设计中贯穿设计全过程的思想是"从整体着眼，从局部着手"，结构设计时应该先控制结构整体性能，然后才是局部构件的设计。体系正确的选择、结构模型的建立、参数的合理选取、计算结果的分析都属于整体设计内容，而节点设计及构造措施等属于局部设计内容。为了使结构设计做到最优，满足建筑功能的全面要求，体系选型与结构布置要合理，结构计算与内力分析要正确，细部设计与构造措施要周密。五方面的工作互为呼应，缺一不可。

4. 反转型逆向思维

反转型逆向思维是指从已知结构的相反方向进行思考，发现解决结构问题的途径，"结构的相反方向"常常是指从结构的安全性、经济性、适用性三个方面作反向思考。

5. 第一性原理思维

工作中运用第一性原理思维去思考问题是非常重要的。我们在生活中总是倾向于比较别人已经做过了或者正在做这件事情，然后照着去做。这样的结果是只能产生细小的迭代发展。第一性原理的思考方式是用物理学的角度看待世界的方法，也就是说一层层剥开事物的表象，看到里面的本质，然后再从本质一层层往上走。如果把第一性原理从物理学迁移到结构设计中，它就表现为探索结构问题要从本质出发，然后从根本上寻找解决之道。当我们运用第一性原理的思维方式去进行结构设计，去处理结构中存在的问题时，我们就能更轻易地看到问题的关键以及解决方式的不合理之处。在此基础上，我们也能更有建设性地寻找解决之道。想要做出颠覆式的创新，首先要用第一性原理思维问出"元问题"，之后所有的技术方向都围绕这个"元问题"而展开。

6. 批判性思维能力

批判性思维可以理解为进行深刻反思和独立思考的能力。是一种能让我们接近问题本质、仔细解构现象本身暴露隐藏的问题（比如偏见和操控）并做出最佳决定的思维方式。批判性思维是面对相信什么或者做什么而做出合理决定的思维能力。具有批判性思维的人往往具有如下几方面的能力：一是发现问题、收集信息、分析数据、评估证据的能力；二是鉴别事实、个人主张和逻辑判断之间差异的能力；三是能够发现普遍规律，并评价其逻辑严密程度的能力；四是正确、清晰地进行推理，并有效解释结论的能力。具有批判性思维的人在思维方面也会有很多特点，比如不草率、不盲从，对问题深思熟虑；保持好奇和质疑的态度；意识到偏见、歧视的存在，并注意克服这些偏见对判断的影响；能以一种开放的态度理性地看待各种观点，理解他人，愿意修正自己的观点等。

1.3　结构设计的六种能力

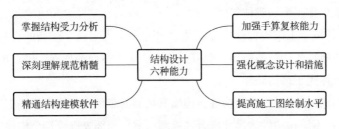

图 1.2　结构设计的六种能力

1. 掌握结构受力分析

（1）抗震结构体系要通过综合分析，采用合理而经济的结构类型结构的地震反应同场地的频谱特性有密切的关系，场地的地面运动特性又与地震震源机制、震级大小、震中的远近有关；建筑的重要性、装修的水准对结构的侧向变形大小有所限制，从而对结构选型提出了要求；结构的选型又受结构材料和施工条件的制约以及经济条件的许可等。这是一个综合的技术经济问题，应加以周密考虑。抗震结构体系要求受力明确、传力途径合理且传力路线不间断，使结构的抗震分析更符合结构在地震时的实际表现，对提高结构的抗震性能十分有利，是结构选型与布置结构抗侧力体系时首先考虑的因素之一。结构方案对建筑物的安全有着决定性的影响，结构设计人员协调建筑方案时应考虑结构体形（高宽比、长宽比）适当，传力途径和构件布置能够保证结构的整体稳固性，避免因局部破坏引发结构连续倒塌。结构体系应符合下列各项要求：

1）应具有明确的计算简图和合理的地震作用传递途径。

2）应避免因部分结构或构件破坏而导致整个结构丧失抗震能力或对重力荷载的承载能力。

3）应具备必要的抗震承载力、良好的变形能力和消耗地震能量的能力。

4）对可能出现的薄弱部位，应采取措施提高其抗震能力。

（2）结构构件应符合下列要求：

1）砌体结构应按规定设置钢筋混凝土圈梁和构造柱、芯柱，或采用约束砌体、配筋砌体等。

2）混凝土结构构件应控制截面尺寸和受力钢筋、箍筋的设置，防止剪切破坏先于弯曲破坏、混凝土的压溃先于钢筋的屈服、钢筋的锚固粘结破坏先于钢筋破坏。

3）预应力混凝土的构件，应配有足够的非预应力钢筋。

4）钢结构构件的尺寸应合理控制，避免局部失稳或整个构件失稳。

5）多、高层的钢筋混凝土屋盖宜优先采用现浇混凝土板。当采用预制装配式屋盖时，应从楼盖体系和构造上采取措施确保各预制板之间连接的整体性。

2. 深刻理解规范精髓

设计人员需要经常查阅规范条文，以指导和协助自己的工作。对于各规范的条文，不但对于其中重要的条款应熟记，而且对于各条文的含意应当正确理解，以便正确应用。规范中有相当一部分条文在使用时有一定范围，不是任何情况都适用；有的规范条文内容不明确，容易产生误导；个别规范条文甚至是强制性条文，可能无法执行；还有个别条文甚至出现概念错误。因此，设计人员对于规范条文的正确理解和应用是非常重要的。如果错误地理解和应用了规范条文，轻则导致设计造成浪费，重则导致结构安全问题。迷信规范，但也不墨守成规。简单地说，规范是一些有经验的研究人员与工程师共同研究的成果，它是将实际工程经验与科研成果综合编制而成的。它不代表我国的最高技术水平，有时是各种因素折中的产物。要想编出完全适应于各种工程情况的规范，实际上是不可能的。因此，不能把任何工程情况都要靠规范来解决，规范绝不是万能的。规范是根据过去的工程成果编成的，它只能代表过去的成果，不能预见新事物的成长、新技术的诞生。所以，千万不能以"规范上没有"而阻碍新技术、新体系、新结构的产生。一般情况下，都是先有工程实践和科学试验，然后再有规范，像现在这样的施工图审查，拿着规范一条条查，还能有新技术出现吗？

3. 精通结构建模计算

利用计算机软件进行结构计算分析，应符合下列要求：

1）计算模型的建立、必要的简化计算与处理，应符合结构的实际工作状况，计算中应考虑楼梯构件的影响。

2）计算软件的技术条件应符合规范及有关标准的规定，并应阐明其特殊处理的内容和依据。

3）复杂结构在进行多遇地震作用下的内力和变形分析时，应采用不少于两个合适的不同力学模型，并对其计算结果进行分析比较。

4）所有计算机计算结果，应经分析判断确认其合理、有效后方可用于工程设计。

4. 加强手算复核能力

随着计算机技术在结构设计当中的应用，结构设计人员采用计算软件进行着"高效率的计算和出图"，给人的错觉好像设计很简单，甚至一些设计人员过多地相信计算机分析结果而使结构计算模型与实际建筑物存在较大差别，导致施工图纸中出现了概念性错误，造成重大工程事故。因此，对于软件计算结果，一定要仔细核对，不能算出结果就画图，尤其对于一些特殊构件，应当用简化手算以补充计算机计算。

5. 加强概念设计和构造措施

在建筑结构设计中，概念设计与结构措施至关重要，结构构造是结构设计的保证，构造设计必须从概念设计入手，加强连接，保证结构的整体性、足够的强度和适当的刚度。结构概念设计是保证结构具有优良抗震性能的一种方法。概念设计包含的内容极为广泛，如选择对抗震有利的结构方案和布置，采取减少扭转和加强抗扭刚度的措施，设计延性结构和延性结构构件，分析结构薄弱部位，并采取相应的措施，避免薄弱层过早破坏，防止局部破坏引起连锁效应，避免设计静定结构，采取两道防线措施等。应该说，从结构方案、布置、计算到构件设计、构造措施，每个设计步骤中都贯穿了抗震概念设计的内容。利用概念设计可以在建筑方案阶段对结构体系进行迅速、有效的构思、比较与选择，这样从源头保证建筑方案的科学性和合理性，就可有效避免后期设计阶段因较大的改动而影响方案效果。

6. 提高施工图设计质量

施工图是工程师的"语言"，是设计者设计意图的体现，也是施工、监理、经济核算的重要依据。结构施工图在整个设计中占有举足轻重的作用，切不可草率从事。对结构施工图的基本要求是：图面清楚整洁、标注齐全、构造合理、符合国家制图标准及行业规范，能很好地表达设计意图，并与计算书一致。在施工图设计阶段，就是根据结构计算的结果来用结构语言表达在图纸上。首先表达的东西要符合结构计算的要求，同时还要符合规范中的构造要求，最后还要考虑选用的材料及施工的可操作性。这就要求结构设计人员对规范要有很好地理解和把握。另外还要对施工的工艺和流程有一定的了解。这样设计出的结构，才会是合理的结构。在施工图设计阶段，结构专业设计文件应包含图纸目录、设计说明、设计图纸和计算书。施工图是设计人员的语言，是设计的最终产品，主要目的在于指导施工，必须表达清楚、全面，施工技术人员能看懂且不产生歧义。结构设计人员应根据现有技术条件（材料、工艺、机具等）考虑施工的可行性。对特殊结构，应提出控制关键技术的要求，以达到设计目标。

1.4 结构设计的四项原则

1. 刚柔相济原则

在进行工程结构设计时，应该做到结构刚柔相济，既保证结构在风和地震作用下不致产生过大的变形，又做到结构设计经济适用。"刚"是立足之本，必要的刚度不能少，如此方能使结构或结构构件的变形控制在一定范围之内；"柔"是护身之法，结构或构件的刚度总是有限的，要以柔克刚，提高消化和转换内力的能力。刚柔相济是使结构具备合适的刚度，既要保证变形在容许范围内，又要经济合理。刚柔相济是结构设计的要求，也必然是结构设计师永远的追求。如在建筑物的某个位置放置隔震橡胶支座，形成隔震层，当地震来临时，下部基础的振动能量先传递给隔震橡胶支座，利用隔震橡胶支座刚性和柔性相结合的特点，就能有效避免或减少地震带来的震动能量向上部的传输，保障上部结构的安全。

2. 强节点弱构件

对于结构工程设计而言，应用刚度理论对实际结构进行简化，确定合理的计算简图，这只是一个方面，另一个方面在通过简化并选定计算简图之后，还必须采用适当的结构连接设计和节点构造措施，保证强节点弱构件。在超负荷情况下，迫使塑性铰先在结构构件上出现，保证结构不倒塌。因此做好结构连接设计是避免结构可能破坏的最重要的一环。

3. 抗与放的原则

抗与放的原则即阻抗与疏导的原则，大量应用于解决地上超长结构温度收缩应力、地下车库抗浮（封堵与泄压）和结构抗震设计（刚性抗震与柔性抗震）等。根据建筑工程的实践，施工阶段承受较大的变形效应作用，而在使用阶段承受较小的变形效应作用，特别是地下工程或有保温构造的地上工程，均可采用抗与放的设计原则。约束引起的应力或变形，用"放"的方法解决。以放来减少约束，通过设变形缝及施工缝释放约束应力，创造条件给结构以变形的机会减少约束，通过变形或位移释放能量，例如在岩石地基上或原混凝土基础上，设滑动层，尽可能避免采用预应力锚杆，大跨空间结构尽可能设滚轴支座等；而提高混凝土的抗拉强度或极限拉伸，则是用"抗"的方法解决。用混凝土的拉伸变形吸收能量，设计上经常采用"抗放兼施，以抗为主，或者以放为主"的方法。

4. 多冗余度原则

结构超静定性（多冗余度）是防止结构由于某些构件意外破坏引起结构整体破坏的有效方法，也是提高结构"鲁棒性"的方法之一。因为结构的冗余度提供结构在超载情况下更多的内力调整余地，是结构安全的另一道防线。在框架结构设计时，增加结构的超静定数原则上不会对结构造价和施工工艺带来多大影响，虽然超静定结构在温度和不均匀沉陷的作用下将产生附加内力，但是为了增加结构的整体性和可靠性，框架结构还是经常做成静不定结构。

1.5　结构安全控制的四个层次

结构设计中的安全控制分为四个层次：结构方案、内力分析、截面计算和连接构造（图1.3）。其对结构安全的影响依次递减。传统设计规范的缺陷是过分强调"截面计算"的作用，设计人员的设计重点也在"截面计算"和施工图绘制上，往往忽视了更重要的"结构方案"和"内力分析"对安全的影响，对"连接构造"的轻视也会造成结构整体性差而容易发生解体事故。真正对结构安全有决定性作用的本质问题反而被忽略了。

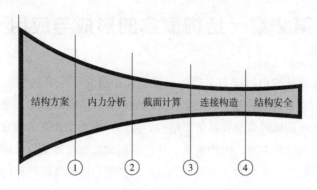

结构方案　内力分析　截面计算　连接构造　结构安全

① ② ③ ④

图 1.3　结构设计中安全控制四个层次

第2章 结构概念的形成与应用

概念设计的内容丰富，应用广泛，几乎蕴含了所有的结构设计过程。我们通常谈到的力学的概念、材料的概念、荷载的概念、地震作用的概念、可靠度的概念等都属于结构的概念。概念设计就是融合这些概念，贯穿到结构方案、结构布置、计算模型建立、计算结果处理、施工图绘制等设计的全过程。结构概念设计的目的：对于难以计算的作用效应，根据概念分析找到结构可能出现的危害，并按一定安全标准进行防范；对能够明确计算的作用效应，在满足结构安全的前提下，追求结构安全性和经济性的最佳平衡点，通过调整结构方案，最大限度地体现结构的经济性。上述目标的实现均需设计人员具备扎实的结构力学基础。龙驭球[14]说过："结构力学的内容涉及三个方面：把实际结构抽象为力学模型（即计算简图）；对力学模型进行力学分析；把结构分析的结果用于结构设计。这是结构力学的三个组成部分。那种忽视力学分析与实际结构的联系，只讲力学模型的数学运算的做法，是片面的"。

当前，随着计算机在结构计算程序中的全面应用，结构设计人员也从繁重的计算中解脱出来，大大提高了设计的效率和质量。但同时也容易让业主或甲方产生错误认识，认为结构设计很简单，只需等待建筑方案规划通过，然后就可使用计算机完成结构设计了。比如，建筑面积几十万平方米的大型商业综合体，却只留给结构设计人员不到一个星期的时间。这样的事多了，就导致一些结构设计师不重视结构的基本理论和基本概念的正确使用，不能有效地运用他们的知识、精力和时间去考虑结构的整体设计、协同工作等一系列概念设计问题，而是一味地依赖计算机，久而久之许多设计人员缺乏结构设计的概念，对软件技术条件认识不清，对计算机的计算结果无法判断，对规范与软件之间的差异不甚了解，对如何加强结构的整体性、合理性、经济性没有概念，甚至一些设计人员因为过多地相信计算机分析结果而导致结构计算模型与实际建筑物存在较大差别，导致结构施工图中出现了大量的概念性错误和计算错误，且有些错误可能会导致严重的后果。为保证建筑结构的安全、适用、经济、可靠，对设计人员强调结构概念设计的重要性是非常必要的。

2.1　概念设计概述

所谓的概念设计就是运用清晰的结构概念，不经数值计算，依据整体结构体系与分体系之间的力学关系、结构破坏机理、震害、实验现象和工程经验所获得的基本设计原则和设计思想，对结构及计算结果进行正确的分析，并考虑结构实际受力状况与计算假设间的差异，对结构和构造进行设计，使建筑物受力更合理、安全、协调。概念设计主要从两个方面对结构设计进行宏观控制：一是在方案设计满足建筑要求的前提下，从宏观的角度考虑结构整体性及主要分体的相互协调关系，确定总体设计方案；二是在理论设计过程中综合考虑工程条件、计算理论、材料性能等各种因素对计算结果的影响，判断理论设计的准确性，并对一些工程中难以做出精确理性分析或在规范中难以规定的问题，根据实际经验采用一些结构构造措施进行处理。换句话说，概念设计是运用人的判断和思维能力，从宏观解决结构设计的基本问题。概念设计是一种思路，是一种定性的设计，它不以精确的力学分析、生搬硬套的规范条文为依据，而是对工程进行概括性的分析，制定设计目标，采取相应的结构措施。具体到设计过程，就是根据特定的建筑空间和地理条件，结合建筑的功能要求，考虑结构安全、适用、经济、美观、施工方便等各种因素后，确定结构的总体方案，按照结构的破坏机理和破坏过程，灵活且能有意识地利用整体结构体系与基本杆件间的力学特性与关系、设计准则、工程现场实时的资源条件，全面合理地解决结构设计的基本问题。既要注意到总体布置的大原则，又要顾及关键部位的细节，从根本上提高结构的可靠度。概念设计运用得好的结构，能使结构满足建筑要求，传力路径直接，并以最快的方式将荷载传递到基础和地基中。

2.2 概念设计的必要性

每一项建设工程，在建筑方案初期，结构工程师就首先应用概念设计去帮助建筑师实现业主已初步构思的空间形式和建筑造型等功能。凭借自身拥有的结构设计概念、经验、悟性和判断力，与建筑师一起确定结构方案和结构体系，进行初始结构布置，而不仅仅是"规范+结构建模计算+计算机绘图"，所以只有富于创新并兼有丰富实践经验的结构工程师才能帮助建筑师去实现理想的构思，甚至还能帮助他们进一步拓展设计方案。

1. 技术方案阶段概念设计

一个好的设计必须选择一个经济合理的结构方案，即选择一个切实可靠的结构形式和结构体系。在此阶段，设计者除了对建筑物的功能要求、地理环境、资金配备、当地材料供应和施工条件等进行综合的分析，并与建筑、设备等专业进行充分比较外，还要考虑结构内部的协同工作、结构抗震的构造设计、结构整体性能控制等问题，而后完成结构选型，确定结构方案，必要时还要对多个方案进行比较，择优选用。因此方案设计过程是不能借助于计算机或理论计算来实现的，它需要结构工程师综合应用其掌握的结构概念，在深入了解各类结构性能的基础上，有针对性地选择效果最好、造价最低的结构方案。

2. 建模计算阶段概念设计

结构计算是在计算简图的基础上进行的，即要对作用在结构构件上的荷载和构件的约束进行一定的简化，简化后的结构内力变形必须与原结构尽可能一致。目前，由于建筑物的功能复杂多样，结构计算一般是通过计算机来完成的，因此结构工程师必须把实际工程的结构形式转换成计算机能够识别的计算模型，并且要保证模型受力和变形的精确性，在此基础上结构工程师还应根据实际结构的工作状态，在全面了解程序软件的适用范围与技术条件后正确选择和使用结构设计软件，同时再用概念设计对电算结果进行科学分析，做出正确合理的判断。如果结构工程师缺乏经验、不具备对结构体系功能及其受力、变形特性的整体概念与判断力，他们就无法确定实际结构的计算简图、无法判断计算机显示的计算模型与计算结果的正确与否。

3. 施工图绘制阶段概念设计

结构工程师通过计算机完成结构设计计算并对结果确认无误后，接着就是把计算结果用施工图的方式表现出来。此时，结构工程师还有一项比较艰巨的任务需要完成，即对计算机绘制图纸进行调整。重点检查梁柱配筋是否符合强制性条文要求，是否满足结构整体稳定和各构件间协同工作的要求、是否满足结构抗震设计的要求、是否满足结构的材料利用率和经济适用的要求等。很多刚入职的设计人员对计算机绘制施工图纸不进行调整，无法断定其合规性和正确性，主要原因就在于他们缺乏经验与实践过程中对结构概念的养成。

2.3　刚度理论在概念设计中的运用

在结构设计过程中，结构布置包括竖向和水平体系布置。设计人员比较注重楼屋面竖向荷载的概念，而往往忽视结构或构件抵抗外力的变形能力、反映结构构件内在联系、影响构件内力及变形相互关系的"刚度"概念。事实上，结构中力的平衡变形、协调及由此产生的构件内力都是通过构件自身的线刚度及连接构件之间的相对刚度的大小来体现的。换言之，作用于结构的荷载如风压、地震作用及建筑物的自重等在结构内部的作用传递及所引起的结构反应均通过结构的刚度来完成。

合理的建筑结构体系应该是刚柔相济，结构布置过刚则变形能力差，地震作用瞬间袭来时，需要承受的力很大，容易造成局部或整体破坏。而过柔的结构虽然可以很好地消减外力，但容易造成过大变形而无法使用，甚至整体倾覆破坏。结构刚和柔的最佳平衡点是设计人员一生的追求。要学会刚柔相济，以柔克刚。实际工程设计中往往由于多种因素，并不是想刚就能刚，想柔便能柔的。每种工程建筑方案不同，结构使用的材料不同，工程所处的环境不同，所受的外力（风荷载、雪荷载、温度作用、偶然荷载和地震作用等）更难统一定性。所以每个设计人员要多思考、多体会、多运用刚柔相济理论，从结构概念的角度去做好结构设计。例如林同炎教授于1963年设计的高61m、18层的马那瓜美洲银行[20]，在相当于里氏6.3~6.5级地震中仅受到了很小的破坏，连梁剪切破坏，混凝土保护层剥落、开裂，经简单修复即可继续使用，成为刚柔结合、多道防线的概念设计思想在工程中成功应用的典型范例。该工程由4个4.6m等边的L形柔性筒，通过每层的连梁组成一个11.6m×11.6m的正方形核心筒作为主要的抗震结构（图2.1）。在风荷载和地震作用下具有很大的抗弯刚度，为了预防未知的罕遇强烈地震，在连梁的中部开了较大的孔洞，一方面用来穿越通风管道，减少楼层的结构高度；另一方面形成该结构总体系（第一道防线）中的预定薄弱环节，在未来遭遇强烈地震时，通过控制首先在连梁开洞处开裂、屈服、出现塑性铰，从而变成具有延性和耗能能力的结构体系（第二道防线），即各分体系（L形柔性筒）作为独立的抗震单元，则整体结构变柔，自振周期变长，阻尼增加，地震动力反应由此大大地减小，从而可以继续

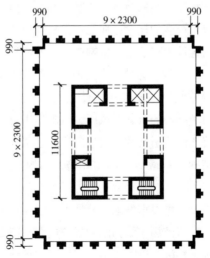

图2.1 马那瓜美洲银行大楼平面图

保持结构的稳定性和良好的受力性能。即使在超出弹性极限的情况下，仍具有塑性强度，可以做到较大幅度的摇摆而不倒塌。为确保每一个 L 形柔性筒都可以作为有效的独立抗震单元，在 L 形筒的每面墙内的配筋几乎都是一样的（图 2.2）。

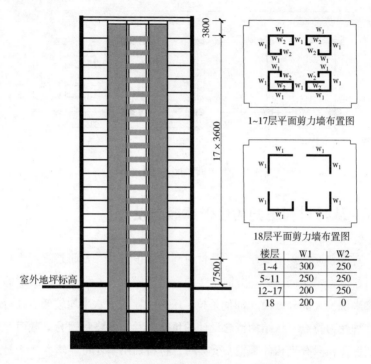

楼层	W1	W2
1~4	300	250
5~11	250	250
12~17	200	250
18	200	0

图 2.2　马那瓜美洲银行大楼剖面图

与之相邻的 15 层的中央银行大厦在地震中却破坏严重，各层楼板均沿电梯井边开裂，4 层以上柱均出现裂缝，窗上、下及端部填充墙都遭到破坏，致使地震后局部拆除。中央银行大厦为单跨框架结构，如图 2.3 所示，有 1 层地下室。3 层以上柱距 1.4m，3 层以下柱距扩大为 9.8m，用深梁转换。由平面布置图可知，楼梯间和电梯井的剪力墙都布置在平面的一端，该侧的山墙窗洞全部用砌体填充封闭，造成结构一端刚度大，另一端刚度小。剪力墙布置严重不对称，造成结构较大偏心（刚心与质心距离较大），引起结构较大扭转。

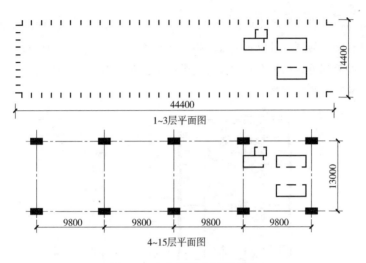

图 2.3　中央银行大厦平面图

2.4　从材料利用的角度考虑概念设计

　　对于普通的矩形截面梁，其材料利用率很低，一方面是靠近中性轴的材料应力水平低，另一方面是梁的弯矩沿梁长一般是变化的，对等截面梁来说，大部分区段（即使是拉、压边缘）应力水平均较低。针对梁的这种受力特点，从结构概念设计的角度来看，主要是因为梁截面存在应变梯度，只有当构件是轴心受力时，材料利用率才可能增大，于是产生了拱结构及合理拱轴线的概念。但由于拱结构曲线构造的复杂性，使设计和施工都比较费劲，于是又出现了平面桁架形式。将实腹梁中无用的部分去掉，就可以演化出桁架结构。如果将桁架看成一根梁，那么梁的弯矩由上下弦杆抵抗，其横向和纵向的剪力由斜腹杆抵抗。规则桁架中弦杆的受力（拉、压）与梁中主拉、压应力方向一致。实际工程中，还可以将桁架的外形设计为与弯矩图相似形状的弓弦式桁架梁，从而使桁架的弦杆受力均匀。如作为建筑与结构完美结合的典范——美国旧金山国际机场[40]，建筑面积 16.7 万 m^2，总高 44m，共 5 层。主售票大厅的设计灵感源于欧洲的著名火车站。售票大厅横跨于机场的主要通行道路上，为尽量减少厅内的障碍物，屋面承重结构采用了一系列由弓弦式桁架连接的双悬臂桁架。主屋面由 5 榀桁架支承，间隔 12m。每榀桁架由三部分构成，包括两组平衡悬臂的平面鱼腹式桁架和跨中的倒三角形空间鱼腹式桁架，跨中桁架与两端桁架铰接，三部分形成翼状的连续结构。连续桁架中间部分的跨度为 116m，两端悬挑 49m，总长 262m。桁架高 8.2m，宽 10.7m，由直径 305 ~ 508mm 的钢管组成，每榀重 140吨。桁架采用相贯焊节点，通过球形支座坐落在 20 根箱形钢管混凝土柱上。在整个设计阶段，工程师持续对主桁架的美学效果、比例和轮廓进行完善，以求达到形式与经济的最高统一境界。最终结果是模仿著名的、建于 19 世纪的苏格兰福斯桥（Firth of Forth Bridge）而设计的翼形外型，直接体现了其弯曲力度的结构示意图，如图 2.4 所示。

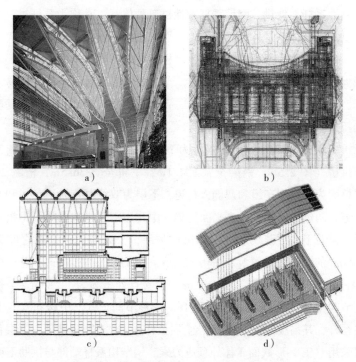

a）　　　　　　　　　　b）

c）　　　　　　　　　　d）

图 2.4　美国旧金山国际机场屋面（图片来源于 SOM 公司网站）

a）屋面图　b）平面图　c）剖面图　d）拆分图

结构设计——从概念到细节

由于桁架中大量存在压杆，压杆的强度往往由其稳定性决定，而不是由杆件截面材料强度决定，故在平面桁架的设计过程中，应降低压杆的长细比，单纯增大截面是下策，特别是上弦杆，应努力增加其平面外的刚度（有时上弦采用组合压杆），增加侧向支撑。在桁架的基础上，可以继续去除无用的部分。当将上弦杆由水平变为斜向，桁架的斜腹杆就可以取消，整体的横向和纵向剪力无须斜腹杆来传递，弦杆的轴力可以抵抗整体剪力。比如拱式组合体系桥，是将主要承受压力的拱肋和主要承受弯矩的行车道梁组合起来共同承受荷载，充分发挥被组合的简单体系的特点及组合作用，以达到节省材料和降低对地基的要求的设计构想。拱式组合体系一般可划分为有推力和无推力两种类型。根据拱肋和系杆的相对刚度不同，无推力拱式组合体系又可划分为柔性系杆刚性拱、刚性系杆柔性拱、刚性系杆刚性拱三种体系，常称为系杆拱。无推力的拱式组合体系是外部静定结构，兼有拱桥的较大跨越能力和简支梁桥对地基适应能力强的两大特点，当桥面高程受到限制而桥下又要求保证较大的净空（桥下净跨和净高），或当墩台基础地质条件不良易发生沉降，但又要求保证较大的跨度时，无推力的拱式组合体系桥梁是较优越的桥型。

重庆朝天门长江大桥[41]主桥为 190m＋552m＋190m 三跨连续钢桁系杆拱桥（图 2.5），钢梁全长 934.1m，主桥全宽 36.5m，桁宽 29m。上层桥面为双向六车道和两侧人行道，下层为双线城市轨道交通和双向两车道。两侧边跨为变桁高平弦桁梁。中跨为刚性拱柔性梁的钢桁系杆拱桥，拱肋上、下弦线形采用二次抛物线，上弦与边跨上弦之间采用 $R＝700m$ 的圆弧进行过渡。主桁采用变高度的 "N" 形桁式，跨中桁高为 14m，中间支点处桁高为 73.95m，边支点处桁高为 11.83m。全桥采用变节间布置，分为 12m、14m、16m 三种节间形式。中跨布置有上下两层系杆，其高度间距 11.83m，上层系杆采用 "H" 形截面，下层系杆构造采用 "王" 形截面＋体外预应力索，钢结构系杆端部与拱肋下弦节点相连接，下层体外预应力索锚固于节点端部。

如果把弓弦式桁架梁变为由上弦刚性压弯构件（或结构）与下弦柔

20

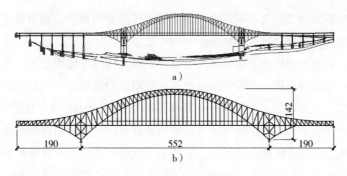

图 2.5　朝天门长江大桥

a）立面图　b）剖面图

性索组合，通过合理布置撑杆而形成的结构就是张弦梁。张弦结构的上弦刚性构件可以是梁、拱、立体桁架、网壳等多种形式，柔性下弦可以是预应力的柔索，包括拉索、小直径圆钢拉杆、大直径钢棒等多种形式。张弦结构是在受拉构件上施加预应力，通过连接上、下弦的撑杆传力，使上部结构产生反挠度，从而减小荷载作用下的最终挠度，改善上部构件的受力状态，改变弯矩分布，降低弯矩峰值，并通过调整受拉构件的预应力，减小结构对支座端产生的水平推力，使之成为自平衡体系。张弦梁与普通的带拉杆的拱相比，受力更合理。更重要的是由于弦的拉力和拱推力在水平方向的平衡，从而可减少结构端部的位移，大大降低结构对边界条件的要求。如浦东机场 T1 航站楼屋盖的张弦梁结构[42]。浦东机场 T1 航站楼总面积约 28 万 m^2，其建筑外形是一组轻灵的弧形钢结构，支承在稳重的混凝土基座上，犹如振翅欲飞的海鸥。斜柱支承的张弦梁体系 R1～R4 分别用于跨越楼前高架、办票厅、商业餐饮大厅和候机厅各大空间，水平投影跨度分别为 49.3m、82.6m、44.4m 和 54.3m，如图 2.6 所示。

图 2.6　浦东机场 T1 航站楼剖面图（从左至右 R1～R4）

　　根据各跨结构的不同特点，设置了不同类型的预应力钢索来维持结构体系的稳定和抵抗风的影响。R1 屋盖为水平悬臂式抗侧 + 拉索抗风体系，通过加强屋面上弦平面内的支撑系统，使整个屋面成为一个类似于圆柱壳面的水平向悬臂体系，全部抗侧刚度由低标高一侧的剪力墙提供，半开敞屋面受风的不利性则由跨中设置的抗风索解决。R2、R3 屋盖为立面索抗侧 + 配重抗风体系，玻璃幕墙面内设置的钢拉索平衡了高端斜柱与低端的抗侧刚度差异，上弦箱形截面中灌注水泥砂浆的配重抵抗了风吸力以保证下弦索不松弛。R4 屋盖为空间群索稳定体系，结构的侧向刚度和抗风吸全部由倒四棱锥形布置的斜拉群索承担，群索的设置给建筑内部空间带来了新意，其初始预应力的确定是在索张力—抗侧刚度—张弦梁受力—张拉群索引起的变形等诸多因素中寻求合理的平衡。

　　若把梁平面外的支撑改成桁架，就变为平面交叉桁架，最后发展为空间网格结构。空间网格的材料利用率高，应力水平大，故在大跨度空间结构中广泛使用，但网架结构中仍然存在压杆，且压杆的应力不可能太高。因为随着网架跨度和高度增大，腹杆的长度也将增大，同时节点距离的增大也导致弦杆长度的增大，这样高强材料就不能使用。因此为减少或消除结构中的压杆，演化出了悬索结构。悬索结构中所有的杆件均为拉杆，杆件的应力水平高，材料利用率大，可使高强材料得以充分利用，因而在大型公共建筑和超大跨度的桥梁结构中，悬索结构是首选的结构类型。现代悬索桥采用高强度钢索，充分利用了钢材的抗拉性能，并因桥梁的跨度大、自重小、材料省、施工方便等优点而颇受欢迎，所以是一种比较理想的大跨结构形式，且跨度越大，经济效益就越显著。

　　石家庄国际会展中心[43]位于石家庄市正定新区，占地面积 64.4 公顷，建筑面积 35.9 万 m²，地上 22.9 万 m²。所有的会议和展览区域沿着中心呈鱼骨状延伸。展厅设计面积包括七个标准展厅，每个展厅面积 11000m²，一个大型多功能展厅面积 26000m²。展览面积 11 万 m²，是世界上最大的悬索结构展厅。石家庄国际展览中心创造性地采用了世界上较为罕见的"自锚式悬索结构 + 索桁架结构"双向悬索结构，实属国内首例。此前，世界上仅有德国的汉诺威会展中心采用了跨度为 36m 的悬索结构，而石家庄国际展览中心的最大跨度为 108m，是汉诺威会展中心的 3 倍，在刷新世界纪录的同时，也成为目前全球最大的悬索结构展厅，如图 2.7 所示。

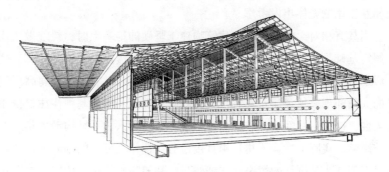

图 2.7　石家庄国际会展中心展厅剖面图

上述受弯构件从普通梁到拱到桁架到网架再到悬索结构的演变过程，充分体现了结构工程师对合理的受力形式及其经济效果的追求，更体现了概念设计对提高材料效用及探索合理结构形式的指导作用。

2.5　协同工作在概念设计中的运用

协同工作在概念设计中占有举足轻重的地位，熟练地应用协同工作概念可以加深对规范条文的理解，而且在建筑结构设计中也大有裨益。

1. 协同工作与标准规范

高层建筑箱形、筏形、桩箱、桩筏基础多呈碟形沉降，中部沉降多，周边沉降少，除非上部结构为刚度很大的全剪力墙或桩（为支承于基岩的端承桩）。这种碟形沉降导致基础的整体弯矩和上部结构次内力增大，安全度降低。采用增大板厚、增加桩径、桩长、桩数等措施加以解决往往事倍功半。为了解决上述问题，《建筑桩基技术规范》第 3.1.8 条提出了以减小差异变形和材料消耗为目标，以上部结构—承台—桩—土共同工作分析为基础的变刚度调平设计。该方法通过调整桩土的刚度分布、合理利用上部结构和基础抵抗差异变形，充分发挥土的承载力，可实现控制差异变形、节约材料、降低基础内力与上部结构次应力的目的。实践证明，应用该方法于高层建筑桩筏基础设计，技术经济效益良好。因此，结构体系的设计应该从地基基础与上部结构共同工作相互作用的整体出发考虑。

当具有相对柔性和轻型的建筑物建于坚硬的地基上时，传统做法往往假定基础为刚性，即以刚性基础模型对结构反应进行分析和计算，这一假定对于中低层建筑基本上符合实际情况，但是随着高层及超高层建筑的大量涌现，这类建筑具有很大的刚度和重量，而地基则往往显得相对柔性，这时，刚性地基假设不再合理，必须计入土—结构动力相互作用的影响。实际上，除了建筑物直接建造在整体性良好的基岩上，地基可以近似认为是刚性的情况外，结构与地基和基础的相互作用总是存在的。理论分析和试验研究都表明，结构—地基动力相互作用使体系的动力特性和地震反应与刚性地基上的结构不同，一般表现为：自振周期延长，阻尼增加；内力及弹性位移反应改变；地基运动特性改变等。近30年来，国内外就结构—地基相互作用对结构地震反应的影响已进行了多方面的研究，取得了一些进展，许多国家抗震设计规范中对结构—地基相互作用问题做了一定程度的考虑；我国规范采用把建筑工程的设计地震分为三组，且根据土层的剪切波速对场地土进行分类等措施来近似的考虑这种相互作用。在采用钢筋混凝土框架体系的结构中，隔墙和非承重墙采用砌体墙时，这些刚性填充墙将在很大程度上改变结构的动力特性，对整个结构抗震性能带来一些有利和不利的影响，应该在工程设计中予以考虑。

2. 协同工作与结构体系

对于结构体系，协同工作的概念即是要求结构内部的各个构件相互配合，共同工作。这不仅要求结构构件在承载能力极限状态下能共同受力，协同工作，同时达到极限状态，还要求它们能有共同的设计使用年限。结构的协同工作表现在基础与上部结构的关系上，必须视基础与上部结构为一个有机的整体，不能把两者割裂开来处理。例如，对砌体结构，必须依靠圈梁和构造柱将上部结构与基础连接成一个整体，而不能单纯依靠基础自身的刚度来抵御不均匀沉降，所有圈梁和构造柱的设置，都必须围绕这个中心。对协同工作的理解，还在于当结构受力时，结构中的各个构件能同时达到较高的应力水平。在结构方案设计时，要求尽可能避免出现短柱（图2.8），其主要的目的是使同层各柱在相同的水平位移时，能同时达到最大承载能力，而非短柱提前发生破坏。

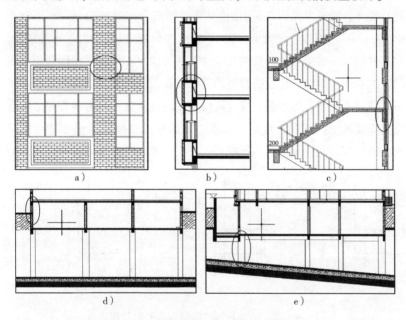

图 2.8 结构发生短柱破坏常见的几种布置

a）高低窗 b）飘窗 c）楼梯间 d）地下室开高窗 e）地面高差

如地震区的框架结构，在线弹性阶段，地震剪力在同层各柱间按侧向刚度值分配。当某层柱出现个别短柱时，短柱承担的地震剪力比例较其他柱大。由于地震剪力在一层内沿柱高是常量，短柱内每一处混凝土单元体的剪应力大于同层内非短柱混凝土单元体的剪应力；混凝土单元体剪应力越大，则主拉应力越大，因而短柱全高范围内混凝土会很快开裂，使短柱侧向刚度、抗剪和抗压承载力迅速退化，甚至完全丧失抗震能力。因此，在混凝土框架结构中，为了避免形成短柱，除了结构布置时，优先选用框架-剪力墙或框架-支撑的结构形式外，应采取必要的措施：①柱采用高强混凝土，减小柱截面尺寸；②对于车库与楼面错层处梁，采取加腋处理措施。地下室顶板与室内楼板通常因高差较大不能连续而形成错层及短柱，此时应采取在室内（外）一侧梁设置加腋或室内外两侧梁均设置加腋的构造措施以避免楼板错位形成短柱的不利影响，同时室内外高差处的纵向梁宜为一整体梁（宽度不小于350mm）并按深梁设计，构造参见图2.9。室内外梁加腋重合部分的竖直高度不宜小于300mm，加腋坡度宜大于1:2，不应超过1:1，以利于力的平缓过渡。在室外的地下室梁顶进行加腋时应注意在梁顶与室外地坪中间留出充足的建筑空间，以保证建设备管道的正常设置，不致其露出室外地面。当条件受限无法设置加腋时，应对此段短柱进行受剪承载力验算并采取措施提高其延性；③对于楼梯，可将层间梯梁通过梯柱支承在楼面框梁上，避免楼梯间框架柱成为短柱；④短柱应采取箍筋全高加密措施。

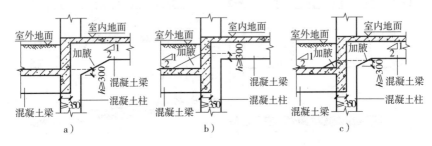

图2.9 地下室顶板与主楼楼面高差时处理措施

对于框架梁，《建筑抗震设计规范》GB 50011—2010（以下简称《抗规》）要求跨高比不宜小于4。普通梁和短梁在同一榀框架中并存，抗震极为不利。短梁在水平力的作用下，剪力很大，梁端正、负弯矩也很大，其配筋全部由水平力决定，竖向荷载基本不起作用，甚至于梁端正弯矩钢筋也会出现超筋现象，同时，由于梁的剪力增大，也会使支承柱的轴力大幅增大，这种设计是不符合协同工作原则的。但在实际工程中，短跨框架梁的应用很普遍，特别是内走廊式建筑，其疏散走道位于房屋的中间，形成内廊，两侧设置办公室或宿舍。走道最小净宽度一般

在 1.8m（办公）～2.2m（宿舍），两侧的办公室或宿舍的进深多在
7.5m 以上。这样就形成了长短跨相邻的框架结构。对于这种框架结构，
如按照一般框架梁跨高比选择截面，由于截面高度较小，往往造成超
筋。但如果加大中间短跨框架梁截面高度，将使其线刚度大幅增加，分
配到的梁端弯矩也会增加，即使配筋能够满足要求，梁端的配筋率一
般仍在 2% 以上，造成钢筋布置过密，加大了施工难度，如图 2.10 所
示。另一方面，短跨框架梁截面高度的增加，将使其跨高比小于 4，不
满足《抗规》对普通框架梁的要求。另外，按照《混凝土设计规范》
GB 50010—2010（以下简称《混规》）规定，当梁跨高比小于 5 时，应
该按照深梁受弯构件设计。对公寓楼通过调整柱网尺寸，以保证相邻框
架梁跨度相差不大（图 2.11），使结构配筋合理。

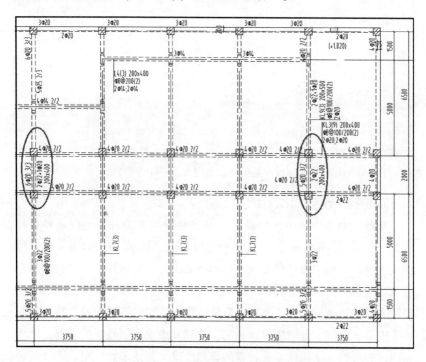

图 2.10　某公寓楼结构布置图（不合理）

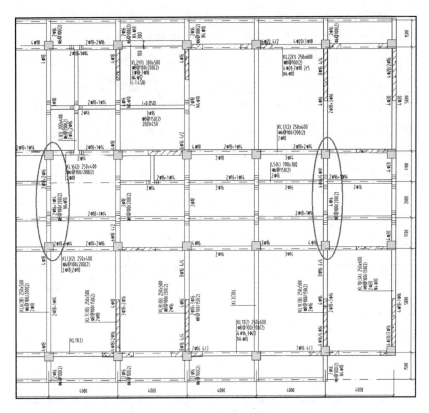

图 2.11　某公寓楼结构布置图（合理）

3. 协同工作与优化设计

从理论上讲，结构优化设计就是在给定约束条件下，按某种目标（如重量最轻、成本最低、刚度最大等）求出最好的设计方案，也称结构最优设计。结构设计优化并不是降低结构的安全储备，而是追求最合理地利用材料的性能，使各构件或构件中各几何参数得到最好的协调。设计人员通过进行多方案比较、反复计算以及构造等方面的把控而得到一个安全、经济、合理的设计成果，找到其中安全、经济的平衡点。优化的过程着眼于结构体系和布置的合理性以及新技术的应用。通过减轻重量、合理分配刚度、增大延性等措施使结构更趋合理。有些设计人员在从事结构工程设计时认为，梁截面越大、柱子越粗、楼板越厚、结构构件配筋越多，结构就越安全，这是一种不正确的认识和做法。如当主楼和裙房连为一体时，加大裙房基础的尺寸，会使裙房的沉降减小，从而加大了主楼和裙房的沉降差，反而导致结构不安全；梁截面如果太大，无法保证"强柱弱梁"设计原则的实现，导致地震时柱先于梁破坏，使结构倒塌，这也是四川汶川大地震时，框架结构倒塌的原因之一；楼板越厚，楼盖自重越大，将使梁、柱和基础的安全度下降；柱截面适当增大，对提高结构安全度可能是有利的，但也应该看它们的位置，柱和剪力墙布置的位置比单单加大截面更重要、更有效率。次要位置的柱和剪力墙加大截面，往往会使结构刚度的分布更为不合理并增加了结构自重，反而降低了结构安全度。从结构抗震角度考虑，材料用量越多，结构自重越大，地震作用也越大，如果增加的材料没有用到必要的地方，那么将导致结构抗震性能的降低。合理的选用结构材料是必须的，更重要的另一方面就是经济合理的结构形式，以充分发挥材料的性能与强度潜力，达到用最小用料发挥最大效能的目的。一般情况下，构件轴向受力优于受弯，轴向受拉优于轴向受压；空间结构优于平面结构；组合结构优于单一结构。

4. 某住宅小区地下车库顶板结构方案比选

在目前房地产开发项目中，住宅所占比重最大，而地下停车库是住宅小区必备的附属设施。在国家大力推广绿色建筑的今天，一个高品质的地下车库，不仅要能够实现建筑需要的功能需求，更要具有良好的经济性。其中，地下室顶板的建造成本约占整个地下部分建造成本的 40% ~ 50%，因此地下室顶板体系选择显得非常重要。住宅小区地下车库顶面通常进行小区绿化，种植树木，因此顶板厚度一般较大，按照规范要求，普通地下室顶板厚度不宜小于 160mm，作为上部结构嵌固部位的地下室楼层的顶楼盖应采用梁板结构，楼板厚度不宜小于 180mm，种植屋面防水层应满足一级防水等级设防要求，防水混凝土结构厚度不应小于 250mm，还有些大板结构厚度达到了 350mm。设计如此厚重的顶板，很容易造成材料浪费，成本控制失衡。结合规范要求，经济合理的顶板体系的选择一般与如下几个因素有关：

（1）顶板厚度　不同的顶板厚度对应不同的顶板结构体系，板越厚，其平面外刚度越大，在体系中可承担的荷载就越大。当板达到一定厚度，如不小于250mm厚时，不应忽略板的作用，应考虑楼板与梁变形协调，共同承担上部荷载。这种楼板体系通常有无梁楼盖结构、加柱帽大板结构和大板结构。

（2）柱网尺寸　地下车库大柱网尺寸一般取8.1m×8.1m左右，小柱网尺寸取5.4m×6.1m左右，通常大柱网地下车库空间开阔，典型柱跨内上面覆土荷载较大，各种结构体系都可作为备选方案。对于小柱网车库，由于跨度较小，不建议采用加柱帽的无梁楼盖结构。

（3）地下车库层高　车库的层高是车库净高及结构层高度之和，而车库净高为汽车总高加上0.5m的安全距离。停放各种类型的小轿车的地下车库净高在车位处应不小于2.2m，通道处不小于2.4m，加上结构高度及设备（消防喷淋管、电线、灯具、风管）高度。因此停入小轿车的地下车库层高一般为3.9m，若停放中、大型客车，则层高相应增大。

（4）不同结构体系

1）梁板式结构体系。主次梁结构体系为传统的顶板结构体系，根据梁的布置情况可分为单次梁结构、双次梁结构、十字梁结构和井字梁结构等。由于主框架梁截面较高，通常达到900mm左右，适用于开间不大及空间净高比较高的车库，如图2.12所示。

2）无梁楼盖体系。对于要求大空间及净空与层高限制较严格的建筑物经常采用无梁楼盖的形式。无梁楼盖是一种双向受力的板柱结构，目前常用的有大板结构（图2.13）和带柱帽双向密肋空腔楼盖等（图2.14）。空腔楼盖中包含组合模盒，在跨度内设置的现浇钢筋混凝土框架暗梁或明梁，组合模盒间隔形成的各个方向的密肋。这几个组成部分通过协调配合形成一种空心楼盖网状正交的"工"字形暗肋框架梁形式的结构体系，这种组成传力途径明确、结构自重轻、整体刚度大、增强了结构的承载能力和抗震性能。

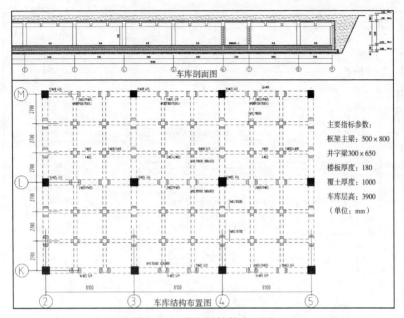

图 2.12　井字梁结构布置图

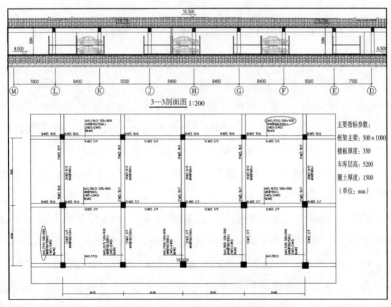

图 2.13　无梁大板结构布置图

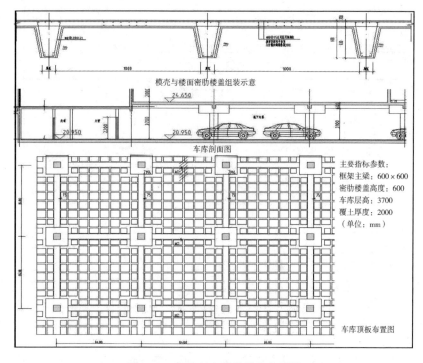

图 2.14　密肋空心楼盖结构布置图

（5）结构形式的适用范围

1）单向次梁、十字梁、井字梁。在柱网不大于 8.1m、荷载不大于 $24kN/m^2$ 的情况下，地下车库顶板采用单向次梁或十字梁的结构形式比较经济。当荷载较大，采用上述两种形式不能满足要求时，宜采用井字梁结构形式。但由于井字梁次梁较多，其综合造价比较高。

2）加腋整间大板。覆土较厚、承受荷载比较大的地下室或人防地下室采用大板结构具有很大的优点。由于加腋大板不设次梁，无论是模板安装，还是制作、绑扎钢筋等工序都省时省工，施工方便快捷，综合造价比较低，所以地下车库工程应优先采用加腋大板的结构形式。

3）无梁楼盖。当地下室净高要求较高时，多采用无梁楼盖这种结构形式，它可以较大地降低地下室的层高，减少地下室结构的总埋深，减少土方开挖量。实际上整个地下室工程的经济性分析应充分考虑地下室的层高、埋深、基坑的开挖支护等各项工程的综合造价，确定合理经济的结构形式。总而言之，在地下室结构选型设计的过程中，要最大限度地遵循增加净高度以及地下室空间的原则，还要考虑到管道布置等诸多因素，最大限度地降低地下室的埋置深度，根据实际情况，选择能够优化和改良地下室结构的选型方案。

第3章 混凝土结构中的概念设计

概念设计是结构设计人员运用所掌握的知识和经验，从宏观上决定结构设计中的基本问题。结构方案的确定要根据建筑使用的功能、房屋高度、地理环境、当地施工技术条件和材料供应情况、抗震设防要求等，选择合理的结构类型。按照竖向荷载、风荷载以及地震作用对不同结构体系的受力特点，风荷载、地震作用及竖向荷载的传递途径，结构破坏的机制和过程，加强结构的关键部位和薄弱部位的薄弱环节。保证建筑结构的整体性，使承载力和刚度在平面内及沿高度合理均匀分布，避免突变的应力集中，预估和控制各类结构及构件塑性铰区可能出现的部位和范围。抗震设防地区的建筑应设计成具有高延性的耗能型结构，并具有多道抗震防线。考虑地基变形对上部结构的影响，地基基础与上部结构协同工作的可能性，各类结构材料的特性及其受温度变化的影响，非结构部件对主体结构抗震产生的有利和不利影响，保证非结构构件与主体结构连接的可靠性等。如果没有概念设计的思想，结构设计人员将只能是"计算机软件的操作者和绘图匠"，而施工图审查人员也只能是"规范条文的校核人"。当下，结构设计已全面进入计算机时代，结构工程师已从繁琐的重复劳动中解脱出来，培养结构概念和体系，锻炼结构整体思维，是每一位从事结构设计的人员必经的一个过程。

3.1 结构体系的选择

1. 结构选型原则

（1）满足建筑空间和功能的要求 对于大型公共建筑，如体育馆比赛大厅无法设柱，必须采用大跨度结构，对大型超市应采用框架结构，对高层住宅应采用剪力墙结构等。

（2）满足建筑造型的需要　对造型复杂、平立面特别不规则的建筑结构选型，要按实际需要在适当部位设置抗震缝，把复杂的平面划分为几个规则的单元，以便于计算且容易满足规范要求而不超限。

（3）充分发挥结构自身优势　不同结构形式都有各自的优点和缺点，有不同的使用范围，应结合建筑要求扬长避短，进行结构选型。

（4）考虑当地材料供应和施工条件　结构方案初定时，应结合当地实际施工技术的条件，采用不同的结构形式和材料。

（5）经济合理，降低造价　当几种结构形式都可能满足建筑要求时，应选用造价较低的结构形式，尽量就低不就高，可采用砌体结构时，就不要选用框架结构；可采用框架结构时，就不要选用框-剪结构。

2. 建筑结构体系及适用范围

结构体系应根据建筑的抗震设防类别、抗震设防烈度、建筑高度、场地条件、地基、结构材料和施工等因素，经技术、经济和使用条件综合比较确定。多高层房屋结构体系包括水平结构体系（楼、屋盖系统）和竖向结构体系（墙、柱）。竖向结构体系的墙、柱与水平结构体系中的梁板共同组成房屋的抗侧空间结构，共同抵抗侧向力作用。多高层建筑的结构体系主要有框架结构、剪力墙结构、框架-剪力墙结构、框支剪力墙结构、框架-核心筒结构、筒中筒结构以及其他复杂高层结构形式，各种体系特点、适用范围及结构布置要求详见表 3.1 所示。下面就常见的几种结构体系作一些阐述。

（1）框架结构体系　框架结构是由梁和柱为主要构件组成的承受竖向和水平作用的结构体系。按照框架布置方向的不同，框架结构体系可分为横向布置、纵向布置和双向布置三种框架结构形式。框架结构的变形特征为剪切型。在抗震设防地区，要求框架必须纵横向布置，形成双向框架结构形式，以抵抗水平荷载及地震作用。双向框架作用结构布置形式具有较强的空间整体性，可以承受各个方向的侧向力，与纵、横向

表 3.1　建筑结构体系选择参考表

（单位：m）

结构体系		框架	剪力墙						简体				板柱-抗震墙
			全部落地剪力墙		部分框支剪力墙		框架-剪力墙		框架-核心简		简中简		
高度分级		A	A	B	A	B	A	B	A	B	A	B	A
最大适用高度	非抗震区	70	150	180	130	150	150	170	160	220	200	300	110
	6 度	60	140	170	120	140	130	160	150	210	180	280	80
	7 度	50	120	150	100	120	120	140	130	180	150	230	70
	8 度 0.2g	40	100	130	80	100	100	120	100	140	120	170	55
	8 度 0.3g	35	80	110	50	80	80	100	90	120	100	150	40
	9 度	24	60	—	不应采用	—	50	—	70	—	80	—	不应采用
特点		优点：布置灵活，能适应各种建筑形式。缺点：抗侧刚度差，高度低、层数少的建筑	优点：抗侧刚度大，有较好的抗震性能。缺点：布置大空间时需通过结构转换布置大空间建筑柱暴露				既有框架结构布置灵活、方便使用的特点，又有较大的刚度，可以满足大多数建筑物的使用要求		抗侧刚度大，整体性好，具有较好的抗震性能；简中简结构具有抗侧刚度更大，适应高度更高的特点				优点：便于设备管道布置安装，可有效地减少层高，降低建筑造价等。缺点：抗震性能较差

适应建筑类型	多用于旅馆、住宅楼、办公楼、教学楼、综合楼、商场等多层建筑	多用于旅馆、公寓、住宅楼等无开阔视线要求的多层、高层建筑；落地墙数量与全部剪力墙数量之比：在非抗震区，≥1/3；地震区，≥1/2	多用于酒店、住宅楼、办公楼、商场、综合楼等多层、中高层建筑	可用于层数多、高度大的写字楼、酒店等高层、超高层建筑。建筑平面多为方形、矩形、圆形、椭圆形等	筒中筒结构的结构受力合理、经济，适用于较高的高层建筑（>50层），且十分符合综合建筑使用要求	适用于商场、图书馆的阅览室和书库、车库、饭店、写字楼、综合楼等
结构布置要求	常用柱网尺寸为6~9m（9m以内较经济）。抗震区的多层框架采用单跨框架，高层框架不应采用单跨框架，楼梯间不宜设在边跨	剪力墙间距6~9m，沿轴线双向布置，上下对齐，贯通全高；需转换时最高位置：8度3层，7度5层，6度时其层数可适当增加。落地墙间距：6、7度时 $L \le 30m$ 及2.5B；8度时 $L \le 24m$ 及2B（B为房屋总进深）	沿两个主轴方向分散、均匀、对称布置，周边、贯通全高设置剪力墙，剪力墙宜采用L、T、H口字形。剪力墙间距：6、7度时 $L \le 50m$ 及4B；8度时 $L \le 40m$ 及3B	核心筒宜贯通建筑物全高；核心筒的宽度不宜小于筒体总高的1/12，框架-核心筒结构的周边柱间距不宜大于12m。当内筒偏置，核心筒长宽比大于2时，宜采用框架-双筒结构	内筒的宽度可为高度的1/12~1/15，外框筒柱距不宜大于4m，洞口面积不宜大于墙面面积的60%，外框筒梁可取柱净距的1/4；角柱截面可取中柱截面积的1~2倍	抗震墙厚度不应小于180mm，且不宜小于层高或无支长度的1/20；房屋高度大于12m时，墙厚不应小于200mm

37

布置的单向框架比较，具有较好的抗震性能。框架结构的特点是柱网布置灵活，便于获得较大的使用空间。延性较好，但横向侧移刚度小，水平位移大。比较适用于大空间的多层及层数较少的高层建筑。

（2）剪力墙结构体系　剪力墙结构是指竖向承重结构由剪力墙组成的一种房屋结构体系。剪力墙的主要作用除承受并传递竖向荷载作用外，还承担平行于墙体平面的水平剪力。剪力墙结构的变形特征是弯曲型。其特点是整体性好，侧向刚度大，水平力作用下侧移小，比框架更适合用于高层建筑的结构体系布置中。并且由于没有梁、柱等外露构件，可以不影响房屋的使用功能，所以比较适合用于宾馆、住宅等建筑类型。缺点是不能提供大空间房屋，结构延性较差。由于剪力墙结构提供的房屋空间一般较小，当在下部一层或几层需要更大空间时，往往在下部取消部分剪力墙，形成框支剪力墙结构。

（3）框架-剪力墙结构体系　框架-剪力墙结构是指由框架和剪力墙共同承受竖向和水平作用的结构体系。由于框架的主要特点是能获得大空间房屋，房间布置灵活，而其主要缺点是侧向刚度小，侧移大。而剪力墙结构侧向刚度大，侧移小，但不能提供灵活的大空间房屋。框架-剪力墙结构体系则充分发挥他们各自的特点，既能获得大空间的灵活空间，又具有较强的侧向刚度。框架-剪力墙的变形特征为弯剪型。在框架-剪力墙结构体系中，框架往往只承受并传递竖向荷载，而水平荷载及地震作用主要由剪力墙承担。一般情况下，剪力墙可承受70%～90%的水平荷载作用。剪力墙在建筑平面上的布置，应按均匀、分散、对称周边的原则考虑，并宜沿纵横两个方向布置。剪力墙宜布置在建筑物的周边附近，恒载较大处及建筑平面变化处和楼梯间和电梯的周围；剪力墙宜贯穿建筑物的全高，避免刚度突变；剪力墙开洞时，洞口宜上下对齐。建筑物纵（横）向区段较长时，纵（横）向剪力墙不宜集中布置在端开间，不宜在变形缝两侧同时设置剪力墙。

（4）筒体结构体系　筒体结构是由竖向筒体为主组成的承受竖向和水平作用的建筑结构。筒体结构的筒体分剪力墙围成的薄壁筒和由密柱框架或壁式框架围成的框筒等。由核心筒与外围的稀柱框架组成的筒体结构为框架-核心筒结构，由核心筒与外围框筒组成的筒体结构为筒中筒结构。一般将楼电梯间及一些服务用房集中在核心筒内；其他需要较大空间的办公用房、商业用房等布置在外框架部分。核心筒实体是由两个方向的剪力墙构成的封闭的空间结构，它具有很好的整体性与抗侧刚度，其水平截面为单孔或多孔的箱形截面。它既可以承担竖向荷载，又可以承担任意方向的水平侧向力作用。结构筒中筒结构是由实体的内筒与空腹的外筒组成，空腹外筒是由布置在建筑物四围的密集立柱与高跨比很大的横向窗间梁所构成的一个多孔筒体。筒中筒结构体系具有更大的整体性和抗侧刚度，因此适用于超高层建筑。

3. 建筑常用楼屋盖形式及适用范围

楼盖是建筑结构中的水平结构体系，它与竖向构件、抗侧力构件一起组成建筑结构的整体空间结构体系。它将楼面竖向荷载传递至竖直构件，并将水平荷载（风力、地震力）传到抗侧力构件。根据不同的分类方法，可将楼盖分为不同的类别。按施工方法可将楼盖分为现浇楼盖、装配式楼盖、装配整体式楼盖。现浇楼盖整体性好、刚度大，具有较好的抗震性能，并且结构布置灵活，适应性强。但现场浇筑和养护比较费工，工期也相应加长。我国规范要求在高层建筑中宜采用现浇楼盖。近年来由于商品混凝土、混凝土泵送和工具模板的广泛应用，现浇楼盖的应用逐渐普遍。按照梁板的布置不同，可将现浇楼盖分为：

（1）肋梁楼盖　肋梁楼盖是由板及支撑板的梁组成。梁通常双向正交布置，将板划分为矩形区格，形成四边支撑的连续或单块板。肋梁楼盖结构布置灵活，施工方便，广泛应用于各类建筑中。

（2）井式楼盖　单向板梁板结构中，梁可分为次梁和主梁；双向板梁板结构中，梁可分为次梁和主梁，也可为双向梁系。在双向梁系中，若两个方向的梁的截面相同，不分主次梁，方形或近似方形（也有采用三角形或六边形）的板格，此种结构称为井式楼盖，其特点是跨度较大，具有较强的装饰性，多用于公共建筑的门厅或大厅。

（3）无梁楼盖　不设梁，将板直接支撑在柱上，楼面荷载直接由板传给柱，称为无梁楼盖。无梁楼盖柱顶处的板承受较大的集中力，通常在柱顶设置柱帽以扩大板柱接触面积，提高柱顶处平板的冲切承载力、降低板中的弯矩。不设梁可以增大建筑的净高，而且模板简单，建筑物具有良好的自然通风、采光条件，多用于对空间利用率要求较高的厂房、仓库、藏书库、商场、水池顶、片筏基础等结构。

（4）密肋楼盖　密肋楼盖又分为单向和双向密肋楼盖。密肋楼盖可视为在实心板中挖凹槽，省去了受拉区混凝土，没有挖空部分就是小梁或称为肋，而柱顶区域一般保持为实心，起到柱帽的作用，也有柱间板带都为实心的，这样在柱网轴线上就形成了暗梁。

（5）拱式结构　拱是一种有推力的结构，主要内力是压力，可利用抗压性能良好的混凝土建造大跨度的拱式结构。适用于体育馆、展览馆等建筑中。

（6）薄壁空间结构　也称壳体结构，属于空间受力结构，主要承受曲面内的轴向压力。常用于大跨度的屋盖结构有俱乐部、飞机库等。

不同屋盖特点及适用建筑类型详见表3.2。

3.2　框架结构设计要点

1. 结构体系方面

1）框架结构应设计成双向梁柱抗侧力体系。主体结构除个别部位外，不应采用铰接。

2）甲、乙类建筑以及高度大于24m的丙类建筑，不应采用单跨框架结构；高度不大于24m的丙类建筑不宜采用单跨框架结构。

3）对于框架结构，楼梯间的布置不应导致结构平面特别不规则；楼梯构件与主体结构整浇时，应计入楼梯构件对地震作用及其效应的影响，应进行楼梯构件的抗震承载力验算；宜采取构造措施，减少楼梯构件对主体结构刚度的影响。

表 3.2　常用楼屋盖结构选型参考表

结构类型	肋梁楼盖	井字梁楼盖	无梁楼盖	拱式结构	薄壳结构
适应跨度 L	普通梁≤9m，预应力梁≤30m	8～24m	6～9m	40～60m	20～50m
截面高度 h	主梁 $(1/10\sim1/18)L$，预应力主梁 $(1/15\sim1/25)L$	$(1/15\sim1/20)L$	$(1/25\sim1/30)L$ 且 ≥150mm	$(1/40\sim1/30)L$	截面厚度 $t=(1/50\sim1/100)R$（R 为中面的最小曲率半径）
截面宽度 b	—	$(1/3\sim1/4)h$	—	≥$h/2$	—
矢高 f	—	—	—	$(1/7\sim1/5)L$，最小 $L/10$	$(1/7\sim1/5)L$，最小 $L/10$
特点	肋梁楼盖是指由主、次梁及板组成的一种相普遍的一种结构形式，其特点是用钢量较低、楼板一般采用全现浇、上留洞，埋设管线方便，但支模较复杂，荷载较大、跨度较大、刚度及裂缝控制要求较高时可采用密肋楼盖、预应力梁板楼盖等结构形式	两个方向梁的高度相同且一般等间距布置，无主次梁之分，共同工作，属于空间受力体系，依靠周围边梁、墙体支承或四角柱支承，可以解决较大跨度空间的设计要求	板直接支承于柱上，其传力途径是荷载由板直接传至柱或墙。无梁楼盖的结构高度小，净空大，支模简单，但用钢量大，造价较高。荷载、跨度较大时宜设置柱帽，也可采用现浇空心无梁楼盖结构形式	主要特点：一是可满足建筑特殊功能及造型要求；二是可做成大跨度结构；三是可把承受的外部荷载大部分转化为构件轴力，充分发挥材料的受压性能；四是要解决好支座水平推力及调整体稳定问题	薄壳属于空间薄壁结构，是一种强度高、刚度大，材料省，既经济又合理的结构形式。同时也有费工、费时，高处支模及脚手架较多，空中作业施工困难等缺点。薄壳分为曲面完和折板两种。对建筑而言，结构本身就成了"面"，而且可以切削
适用建筑类型	广泛用于各种建筑的楼屋盖结构，普通梁跨度小于9m时比较经济	常用于24m跨度以下柱网布置近方形的建筑的楼盖，区格比在2～3m，区格长宽比在1～1.5之间比较经济	常用于仓库、商店等柱网布置近方形的建筑。同距6m左右较为经济。屋面、地下一层顶板不宜采用	适用范围极广，不仅适合于大跨度结构，也适用于中小跨度的房屋建筑，如展览馆、体育馆、商场等	可用于教堂、体育馆、天文馆等建筑。壳体形式有球面、椭球、抛物面、圆柱面、锥壳、双曲面等

4）框架结构中，框架应双向设置。

5）框架结构按抗震设计时，不应采用部分由砌体墙承重的混合形式。框架结构中的楼、电梯间及局部出屋顶的电梯机房、楼梯间、水箱间等，应采用框架承重，不应采用砌体墙承重。

2. 构件设计方面

1）抗震设计时，框架角柱应按双向偏心受力构件进行正截面承载力设计。

2）框架梁中线与柱中线之间偏心距大于柱宽的1/4时，应计入偏心的影响。

3）框架结构的主梁截面高度可按计算跨度的1/10～1/18确定；梁净跨与截面高度之比不宜小于4。梁的截面宽度不宜小于梁截面高度的1/4，也不宜小于200mm。当梁高较小或采用扁梁时，除应验算其承载力和受剪截面要求外，尚应满足刚度和裂缝的有关要求。在计算梁的挠度时，可扣除梁的合理起拱值；对现浇梁板结构，宜考虑梁受压翼缘的有利影响。

4）矩形截面柱的边长，非抗震设计时不宜小于250mm，抗震设计时，四级不宜小于300mm，一、二、三级时不宜小于400mm；圆柱直径，非抗震和四级抗震设计时不宜小于350mm，一、二、三级时不宜小于450mm。柱剪跨比宜大于2，柱截面高宽比不宜大于3。

3.3 框架结构布置原则

1. 框架柱平面布置

1）柱间距考虑梁的经济跨度，常取6～9m。若取小跨度3～6m，技术经济指标较差，往往造成梁配筋均为构造配筋。若跨度太大，一方面导致梁截面增大，影响建筑层高；另一方面可能使梁设计由挠度控制，而非强度控制。对柱来说，柱承担竖向荷载加大，柱截面增大，影响建筑使用功能。

2）框架柱网纵横向宜分别对齐，各区域侧移刚度接近，梁柱受力合理。

3）在满足框架整体计算指标的前提下，尽量减少柱布置数量。多布置柱，相应需多布置基础，提高了工程造价。

4）柱布置应尽可能满足建筑使用功能要求，不应占过道、走廊、楼梯间等，不应影响疏散走道的净宽度。柱间距应结合不同建筑物，不同使用功能特点进行布置，例如有地下车库的建筑，应考虑停车位距离，按模数布置，避免空间浪费。

2. 框架梁平面布置

1）框架梁沿轴线尽量贯通，形成连续梁。

2）同一榀框架梁，宽度宜相同，高度根据需要而变化（特殊情况除外）。

3）框架梁的布置应考虑传力路径问题。

4）框架梁布置时应考虑钢筋锚固入柱带来的施工问题，正常情况下，钢筋锚固入柱的梁尽量少，避免多根梁锚固在同一柱端。

5）框架梁布置时应考虑钢筋直锚长度问题。如《高层建筑混凝土结构技术规程》JGJ 3—2010（以下简称《高规》）第 6.5.5 条规定：抗震设计时，框架梁梁上部纵向钢筋伸入端节点的锚固长度，直线锚固时不应小于 l_{aE}；当柱截面尺寸不足时，梁上部纵向钢筋应伸至节点对边并向下弯折，锚固段弯折前的水平投影长度不应小于 $0.4l_{abE}$。

6）框架梁布置应考虑建筑墙体所在的位置。

3.4　框架结构设计步骤

一个完整的框架结构设计包括两部分：上部结构设计和基础设计。本节内容主要讲述上部结构设计（未包括基础设计部分内容），其设计步骤如图 3.1 所示。主要包括：荷载统计、模型建立、整体计算、构件计算、构件配筋和施工图绘制等。

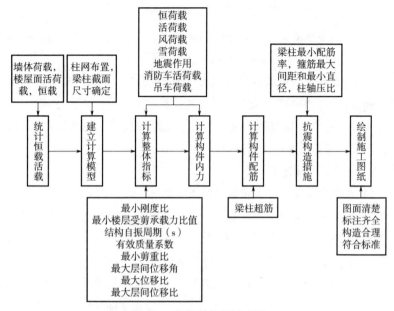

图 3.1　框架结构设计步骤

3.5　规范有关规定

1. 框架结构最大适用高度、抗震等级和最大高宽比

框架结构最大高度、抗震等级和最大高宽比的确定见表 3.3。

表 3.3　框架结构最大高度、抗震等级和最大高宽比

设防烈度	非抗震设计	6		7		8 (0.2g)		8 (0.3g)		9
最大适用高度/m	70	60		50		40		35		24
抗震等级	—	≤24	>24	≤24	>24	≤24	>24	≤24	>24	≤24
		四	三	三	二	二	一	二	一	一
大跨度框架（≥18m）	—	三		二		一				一
最大高宽比	5	4		4		3				—

注：建筑场地为Ⅰ类时，除6度外应允许按表内降低一度所对应的抗震等级采取抗震构造措施，但相应的计算要求不应降低。

2. 框架结构伸缩缝、沉降缝和防震缝宽度规定

规范规定现浇混凝土框架结构伸缩缝的最大间距为55m，防震缝宽度见表3.4。

表3.4　框架结构防震缝宽度

设防烈度	6		7		8		9	
房屋高度 H/m	≤15	>15	≤15	>15	≤15	>15	≤15	>15
防震缝宽度/mm	≥100	≥100+4×h	≥100	≥100+5×h	≥100	≥100+7×h	≥100	≥100+10×h
说明	1. 防震缝两侧结构类型不同时，宜按需要较宽防震缝的结构类型和较低房屋高度确定缝宽 2. 抗震设计时，伸缩缝、沉降缝的宽度应满足防震缝的要求 3. 表中 $h = H - 15$							

如果设计的工程伸缩缝超过规范规定，则应采取以下主要措施：

1）采取减小混凝土收缩或温度变化的措施。

2）采用专门的预加应力或增配构造钢筋的措施。

3）采用低收缩混凝土材料，采取跳仓浇筑、后浇带、控制缝等施工方法，并加强施工养护。当伸缩缝间距增大较多时，尚应考虑温度变化和混凝土收缩对结构的影响。

3.6　框架结构截面初定

1. 梁柱截面尺寸初估算

建筑方案确定后，需要结构工程师选择结构方案，对于框架结构，主要是确定柱网及初估梁和柱截面尺寸。对于有多年设计经验的工程师来说，可能初估一次截面尺寸，就能直接通过计算，或者只经过一两次的调整就能满足要求。而对于刚毕业的学生或设计经验不足的工程师来说，往往会不知所措，布置的柱网和构件截面尺寸不是太小就是太大，只有在计算机上重复试算，把大部分精力浪费在了调整模型上。设计人

员刚开始做设计时不可能具备足够的设计经验，因此，平时做设计时应注意收集和记住一些常用到的工程设计数据，提高设计效率。为了方便设计人员选取截面，下面给出了一些常用的结构构件截面估算尺寸及估算办法，供设计人员参考。

（1）梁、板截面估算 梁截面高度和板的厚度初步估算可参考表 3.5 给出的数据。

表 3.5 梁、板截面尺寸估算表

板厚度		梁截面高度			
单向板（简支）	$L/35$	单跨梁		$L/12$	
单向板（连续）	$L/40$	连续梁		$L/15$	
双向板（短跨）	$L/45 \sim L/40$	悬臂梁		$L/6$	
悬臂板	$L/12$	整体肋形梁	支撑情况	连续	简支	悬臂
楼梯梯板	$L/30$		主梁	$L/15$	$L/12$	$L/6$
无梁楼盖（短跨）	无柱帽	$L/30$		次梁	$L/25$	$L/20$	$L/8$
	有柱帽	$L/35$	井字梁		$L/20 \sim L/15$	
无粘结预应力板	$L/40$	扁梁		$L/18 \sim L/12$	

注：表中 L 为梁、板的计算跨度（井字梁为短跨）。

（2）柱截面估算 柱轴压力的计算，与柱网尺寸和楼屋面设计荷载有关，当为矩形柱网时，柱的受荷范围一般近似取该柱在 X、Y 两个方向邻跨跨度中线所围合成的矩形，作为受荷面积。初步估计时可以按照地上每层荷载标准值 $12 \sim 15 \text{kN/m}^2$，地下每层荷载标准值 22kN/m^2 计算，总层数迭加后，乘以受荷面积和设计值转换系数 1.25，即直接确定轴压力。例如某框架结构，柱网尺寸 $8\text{m} \times 8.4\text{m}$，地上 12 层，抗震等级二级。依据《高规》表 6.4.2 查得轴压比限值为 0.75，柱子混凝土强度等级为 C30，$f_c = 14.3 \text{N/mm}^2$，估算中柱轴压力设计值为：

$$N = 8 \times 8.4 \times 12 \times 12 \times 1.25 = 12096 (\text{kN}) \qquad (3-1)$$

$$N/Af_c = 0.75 \qquad (3-2)$$

$$A = 12096 \times 10^3 / (0.75 \times 14.3) = 1127832 (\text{mm}^2) \qquad (3-3)$$

$$a = \sqrt{A} = \sqrt{1127832} = 1061 (\text{mm}) \qquad (3-4)$$

中柱尺寸确定后，边角柱就可近似取相同截面，再建模计算，微调后基本就能满足要求。下面给出在不同柱底轴力下柱截面尺寸的参考表格（表 3.6），该表编制时选取一般框架结构的中柱、设防烈度 7 度、抗震等级二级为计算依据，设计时先手算出柱底轴力，按照表中给出的数据，就可以初定柱截面尺寸，从而大大节省设计人员的时间。

表 3.6　框架柱截面尺寸估算　　　　（单位：mm）

柱底轴力/kN	层数	C30	C35	C40	C45	C50
3000	6 ~ 7	550 × 550	500 × 500	450 × 450	450 × 450	400 × 400
5000	7 ~ 8	700 × 700	650 × 650	600 × 600	550 × 550	550 × 550
7000	8 ~ 9	800 × 800	750 × 750	700 × 700	650 × 650	650 × 650
9000	10 ~ 12	900 × 900	850 × 850	800 × 800	750 × 750	700 × 700
11000	12 ~ 13	1000 × 1000	900 × 900	850 × 850	800 × 800	800 × 800
13000	13 ~ 15	1100 × 1100	1000 × 1000	950 × 950	900 × 900	850 × 850
15000	15 ~ 17	1150 × 1150	1050 × 1050	1000 × 1000	950 × 950	900 × 900
17000	17 ~ 18	1250 × 1250	1150 × 1150	1100 × 1100	1000 × 1000	950 × 950
19000	18 ~ 19	1300 × 1300	1200 × 1200	1150 × 1150	1100 × 1100	1050 × 1050
21000	20	1350 × 1350	1250 × 1250	1200 × 1200	1150 × 1150	1100 × 1100

从上面表格中柱截面尺寸可以看出，对于 C40 的柱子，建筑 10 层高时一般取 800 × 800，建筑 20 层高时一般取 1200 × 1200。当柱子材料为混凝土中加钢骨时，以上截面面积一般还可以再压缩掉 30% ~ 35%，也就是说 C40 的钢骨混凝土柱子，以上条件均不变的话，建筑 10 层高时可减少到 650 × 650，20 层时可减少到 1000 × 1000。如果设计人员把一个 10 层左右框架结构（8m × 8m 柱网）的首层柱截面取 1000 × 1000 或以上的柱子，作为一名资深设计人员就应判断出，这个柱子截面肯定偏大，有优化的余地，至少可以取到 800 × 800。

2. 恒载、活载估算

结构设计时必须记住一些经常用到的建筑结构荷载，这是判断一个结构工程师是否合格，是否具备设计能力的一个重要指标。

（1）恒荷载估算取值

1）普通楼面（住宅、办公）：2.0kN/m² （不包括楼板自重）

2）轻质隔墙（固定或自由）：2.0kN/m² （100mm 厚）

3）普通屋面（有保温防水）：4.0kN/m² （不包括屋面板自重）

（2）活荷载估算取值

1）不上人屋面：0.5kN/m²

2）上人屋面：2.0kN/m²

3）屋顶花园：3.0kN/m²

4）楼面均布活荷载。《建筑结构荷载规范》GB 50009—2012（以下简称《荷载规》）第5.1.1条给出了常用的民用建筑楼面均布活荷载标准值值，为了便于记忆，将常见活荷载内容汇总为表3.7。

表 3.7 民用建筑楼面均布活荷载标准值分类表

（单位：kN/m²）

人员和物品密集度	类别	标准值
人员一般的楼面	1）住宅、宿舍、旅馆、托幼、医院病房（包括走廊和门厅） 2）办公楼、试验室、阅览室、会议室、医院门诊室 3）多层住宅楼梯 4）厨房（除餐厅外）	2.0
人员不密集的楼面	1）教室、食堂、餐厅 2）浴室、卫生间、盥洗室 3）普通阳台 4）办公楼、餐厅、医院门诊部的走廊和门厅	2.5
人员较密集的楼面	1）礼堂、剧场、影院、有固定座位的看台 2）公共洗衣房	3.0
人员密集的楼面	1）商店、展览厅、车站、港口、机场大厅 2）无固定座位的看台 3）教学楼走廊和门厅 4）疏散楼梯（除多层住宅外） 5）可能出现人员密集的阳台	3.5
人员非常密集的楼面	1）健身房、演出舞台 2）运动场、舞厅 3）厨房餐厅	4.0

.（续）

人员和物品密集度	类别	标准值
物品密集的楼面	书库、档案库、储藏室	5.0
设备密集的楼面	通风机房、电梯机房、高压变电室	7.0
物品非常密集的楼面	有密集柜的书库	12.0
堆放钢筋、砂石的结构顶板	地下1层顶板（即±0.000板）	8.0
汽车通道 客车	双向板楼盖（板跨不小于6m×6m）和无梁楼盖（柱网尺寸不小于6m×6m）	2.5
汽车通道 消防车		20.0
汽车通道 客车	单向板楼盖（板跨不小于2m）和双向板楼盖（板跨不小于3m×3m）	4.0
汽车通道 消防车		35.0

3. 不同直径钢筋面积

结构设计除了整体计算外，主要是构件配筋，而钢筋的面积对于刚做设计的结构人员来说很重要，必须熟记一些常用到的钢筋截面面积（见表3.8），这样就可以快速校核计算机给出的构件配筋是否合理。

表3.8　各种规格的钢筋截面积

公称直径 /mm	1根截面面积 /mm²	约面积 /mm²	公称直径 /mm	1根截面面积 /mm²	约面积 /mm²
8	50.3	50	20	314.2	300
10	78.5	75	22	380.1	400
12	113.1	100	25	490.9	500
14	153.9	150	28	615.8	600
16	201.1	200	32	804.2	800
18	254.5	250	36	1017.9	1000

4. 梁内单排钢筋最大根数

按照《混规》第9.2.1条规定：梁上部钢筋水平方向的净间距不应小于30mm和$1.5d$；梁下部钢筋水平方向的净间距不应小于25mm和d。当下部钢筋多于2层时，2层以上钢筋水平方向的中距应比下面2层的中距增大一倍；各层钢筋之间的净间距不应小于25mm和d，d为钢筋的最大直径。设计人员应能熟记常用到的不同梁宽单排最多能放置各种规格钢筋的总根数，见表3.9。

表3.9　梁纵向钢筋单排最大根数

	箍筋直径		8mm		混凝土保护层厚度		20mm	
	钢筋直径/mm							
梁宽/mm	14	16	18	20	22	25	28	32
200	3/4	3/4	3/3	3/3	3/3	2/3	2/3	2/2
250	5/5	4/5	4/5	4/4	4/4	3/4	3/3	2/3
300	6/6	5/6	5/6	5/5	5/5	4/5	4/4	3/4
350	7/8	7/7	6/7	6/7	5/6	5/6	4/5	4/4
400	8/9	8/9	7/8	7/8	6/7	6/7	5/6	4/5
450	9/10	9/10	8/9	8/9	7/8	6/8	6/7	5/6
500	10/12	10/11	9/10	9/10	8/9	7/9	6/8	6/7

说明：表内分数值的分子为梁上部纵筋单排最大根数，分母为梁下部钢筋单排最大根数

5. 混凝土强度设计值

《混规》第4.1.2条规定：素混凝土结构的混凝土强度等级不应低于C15；钢筋混凝土结构的混凝土强度等级不应低于C20；采用强度等级400MPa及以上的钢筋时，混凝土强度等级不应低于C25。预应力混凝土结构的混凝土强度等级不宜低于C40，且不应低于C30。承受重复荷载的钢筋混凝土构件，混凝土强度等级不应低于C30。工程中常用的混凝土强度设计值见表3.10。

表3.10　混凝土轴心抗压强度和轴心抗拉强度设计值

强度	混凝土强度等级										
	C30	C35	C40	C45	C50	C55	C60	C65	C70	C75	C80
f_c	14.3	16.7	19.1	21.1	23.1	25.3	27.5	29.7	31.8	33.8	35.9
f_t	1.43	1.57	1.71	1.80	1.89	1.96	2.04	2.09	2.14	2.18	2.22

记忆方法：

（1）混凝土轴心抗压强度设计值，约等于混凝土强度等级数值的 1/2 减去 1 或 2。

即：$f_c \approx \dfrac{CXX}{2} - (1 \sim 2)$（$CXX \leqslant C40$ 时取 1，$CXX \geqslant C45$ 时取 2）

$$(3-8)$$

（2）混凝土轴心抗压强度设计值为其前后相邻数值和的平均值。

即：$f_c \approx \dfrac{(CX1 + CX3)}{2}$ （3-9）

（3）混凝土轴心抗拉强度设计值约为轴心抗压强度设计值的 1/10 ~ 1/16。

即：$f_t = f_c/10$，（C30 ~ C40）；$f_t = f_c/12$，（C45 ~ C55）；$f_t = f_c/14$，（C60 ~ C70）；$f_t = f_c/16$，（C75 ~ C80）。

3.7　框架-剪力墙结构设计要点

由于布置的剪力墙数量不同，框架-剪力墙结构在规定的水平力作用下，结构底层框架部分承受的地震倾覆力矩与结构总地震倾覆力矩的比值不尽相同，结构性能差别较大。在结构设计时，应据此比值确定该结构相应的适用高度和构造措施，计算模型及分析均按框架-剪力墙结构进行实际输入和计算分析。

1）当框架部分承担的倾覆力矩不大于结构总倾覆力矩的 10% 时，意味着结构中框架承担的地震作用较小，绝大部分均由剪力墙承担，工作性能接近于纯剪力墙结构，此时结构中的剪力墙抗震等级可按剪力墙结构的规定执行；其最大适用高度仍按框架-剪力墙结构的要求执行；其中的框架部分应按框架-剪力墙结构的框架进行设计，并对框架总剪力进行调整，其侧向位移控制指标按剪力墙结构采用。

2）当框架部分承受的地震倾覆力矩大于结构总地震倾覆力矩的 10% 但不大于 50% 时，属于典型的框架-剪力墙结构，按规范有关规定进行设计。

3) 当框架部分承受的倾覆力矩大于结构总倾覆力矩的50%但不大于80%时，意味着结构中剪力墙的数量偏少，框架承担较大的地震作用，此时框架部分的抗震等级和轴压比宜按框架结构的规定执行，剪力墙部分的抗震等级和轴压比按框架-剪力墙结构的规定采用；其最大适用高度可比框架结构的要求适当提高，提高的幅度可视剪力墙承担的地震倾覆力矩来确定；框架部分的抗震等级和轴压比限值宜按框架结构的规定采用。

4) 当框架部分承受的倾覆力矩大于结构总倾覆力矩的80%时，意味着结构中剪力墙的数量极少，此时框架部分的抗震等级和轴压比应按框架结构的规定执行，剪力墙部分的抗震等级和轴压比按框架-剪力墙结构的规定采用；其最大适用高度宜按框架结构采用。对于这种少墙框剪结构，由于其抗震性能较差，不主张采用，以避免剪力墙受力过大、过早破坏。当不可避免时，宜采取将此种剪力墙减薄、开竖缝、开结构洞、配置少量单排钢筋等措施，减小剪力墙的作用。

3.8 框架-剪力墙布置原则

1. 剪力墙设置要点

1) 框架-剪力墙结构应设计成双向抗侧力体系。抗震设计时，结构两主轴方向均应布置剪力墙。一般情况下，对于矩形、L形、T形、Ⅱ和口字形平面，抗震墙可沿纵、横两个方向布置；对于圆形和弧形平面，可沿径向和环向布置；对于三角形、三叉形以及其他复杂平面，可沿平面各个翼肢部分的纵向、横向或斜向等两个或三个主轴方向布置。

2) 抗震墙的数量要适当。如果布置太多，结构抗推刚度太大，地震力加大，不经济；如果布置太少，抗震墙提供的抗推刚度又不足，框架-剪力墙体系重新变为框架体系，不符合设计意图。要保持框架-剪力墙体系的结构特性，沿每一主轴方向，抗震墙所承担的倾覆力矩应不少于整个结构体系总倾覆力矩的 50%。

3）每个方向抗震墙的布置应尽量做到：分散、均匀、周边、对称。

4）一个独立的结构单元内，同一方向的各片抗震墙不宜设置成单肢墙，应适当多设置一些双肢墙或多肢墙，以避免同方向所有抗震墙同时在底部屈服而形成不稳定的侧移机构。

2. 剪力墙的平面位置

1）剪力墙宜均匀布置在建筑物的周边附近、楼梯间、电梯间、平面形状变化及恒载较大的部位，剪力墙间距不宜过大。

2）平面形状凹凸较大时，宜在凸出部分的端部附近布置剪力墙。

3）纵、横剪力墙宜组成 L 形、T 形和 匚 形等形式。

3. 剪力墙的竖向位置

1）剪力墙宜贯通建筑物的全高，避免刚度突变；剪力墙开洞时，洞口宜上下对齐。

2）房屋顶层若布置为大空间的舞厅、礼堂或宴会厅，大部分抗震墙必须在顶层的楼板处中断时，被中断的各片抗震墙应在顶层以下的两、三层内逐渐减少或减薄，以免刚度突变给顶层结构带来不利的变形集中效应。

3）为使楼层抗推刚度做到连续、均匀地变化，抗震墙从下到上应分段减薄，并双面对称收进，每次减薄量宜为 50～100mm，且不超过墙厚的 25%。此外，抗震墙的减薄和混凝土强度等级的降低不应设置于同一楼层。

4. 剪力墙最大间距

在框架-剪力墙中，抗震墙是主要抗震构件，承担着 80% 以上的地震力，框架是次要抗震构件，仅承担 20% 以下的地震力。要保持框架-剪力墙这一结构特性，以剪力墙为侧向支承的各层楼盖，在地震力作用下的水平变形就需控制在很小数值范围内，使框架的侧向变形与抗震墙大体相同。因此，剪力墙的间距一般不应超过表 3.11 中的数值。当剪力墙之间的楼板有较大开洞时，对楼盖平面刚度有所削弱，此时剪力墙的间距宜再减小。

表 3.11　剪力墙最大间距　　　　　　　（单位：m）

楼盖形式	非抗震设计（取较小值）	抗震设防烈度		
		6 度、7 度（取较小值）	8 度（取较小值）	9 度（取较小值）
现浇	5.0B, 60	4.0B, 50	3.0B, 40	2.0B, 30
装配整体	3.5B, 50	3.0B, 40	2.5B, 30	

注：1. 表中 B 为剪力墙之间的楼盖宽度（m）。

　　2. 装配整体式楼盖的现浇层应符合本《高规》第 3.6.2 条的有关规定。

　　3. 现浇层厚度大于 60mm 的叠合楼板可作为现浇板考虑。

　　4. 当房屋端部未布置剪力墙时，第一片剪力墙与房屋端部的距离，不宜大于表中剪力墙间距的 1/2。

5. 剪力墙构造要求

（1）框架-剪力墙结构中，剪力墙的竖向、水平分布钢筋的配筋率，抗震设计时均不应小于 0.25%，非抗震设计时均不应小于 0.20%，并应至少双排布置。各排分布筋之间应设置拉筋，拉筋的直径不应小于 6mm、间距不应大于 600mm。

（2）带边框剪力墙的截面厚度应符合下列规定：

1）抗震设计时，一、二级剪力墙的底部加强部位不应小于 200mm，其他情况下不应小于 160mm。

2）剪力墙的水平钢筋应全部锚入边框柱内，锚固长度不应小于 l_a（非抗震设计）或 l_{aE}（抗震设计）。

6. 框架-剪力墙规定及墙截面初估

1）框架-剪力墙结构最大适用高度、抗震等级和最大高宽比的确定见表 3.12。

2）框架-剪力墙结构伸缩缝、沉降缝和防震缝宽度规定：规范规定框架-剪力墙结构伸缩缝的间距可根据结构的具体布置情况取 45~55m 之间的数值，防震缝宽度见表 3.13。

表3.12 框架-剪力墙结构最大高度、抗震等级和最大高宽比

设防烈度	非抗震	6		7			8 (0.2g)			8 (0.3g)			9	
最大适用高度/m	150	130		120			100			80			50	
高度/m	—	≤60	>60	≤24	25~60	>60	≤24	25~60	>60	≤24	25~60	>60	≤24	25~50
抗震等级 框架	—	四	三	四	三	二	三	二	一	三	二	一	二	一
抗震等级 剪力墙	—	三	三	三	三	二	二	二	一	二	二	一	一	—
最大高宽比	7	6		6			5			5			4	

说明：1. 建筑场地为Ⅰ类时，除6度外应允许按表内降低一度所对应的抗震等级采取抗震构造措施，但相应的计算要求不应降低。
2. 非抗震区最大高宽比为7。
3. 括号内数字用于非抗震设计。

表3.13 框架-剪力墙结构防震缝宽度

设防烈度	6		7		8		9	
房屋高度 H/m	≤15	>15	≤15	>15	≤15	>15	≤15	>15
防震缝宽度/mm	≥100	≥100+4×h×0.7	≥100	≥100+5×h×0.7	≥100	≥100+7×h×0.7	≥100	≥100+10×h×0.7
说明	1. 防震缝两侧结构类型不同时，宜按需要较宽防震缝的结构类型和较低房屋高度确定缝宽。 2. 抗震设计时，伸缩缝、沉降缝的宽度应满足防震缝的要求。 3. 表中 $h = H - 15$。							

3）剪力墙截面厚度的确定。首次建模时，底层剪力墙的厚度可按照表3.14给出的数据初步确定，然后通过计算后再进行调整，以节省设计人员调整模型时间。

表 3.14　剪力墙截面厚度　　　　　　（单位：mm）

抗震等级	10 层	15 层	20 层	25 层	30 层	35 层	40 层
6 度	250	250	250	300	300	350	400
7 度	250	250	300	350	400	450	500
8 度	300	300	350	400	450	500	550

3.9　剪力墙结构设计要点

1. 结构体系方面

（1）避免采用短肢剪力墙　短肢剪力墙是指截面厚度不大于300mm、各肢截面高度与厚度之比的最大值大于4但不大于8的剪力墙。由于短肢剪力墙抗震性能较差，设计人员布置剪力墙时应尽量避免采用短肢剪力墙，因建筑功能需要无法避免时，在抗震设防地区，高层建筑结构不应全部采用短肢剪力墙；B 级高度高层建筑以及抗震设防烈度为 9 度的 A 级高度高层建筑，不宜布置短肢剪力墙，不应采用具有较多短肢剪力墙的剪力墙结构。当采用具有较多短肢剪力墙的剪力墙结构时，应符合下列规定：

1）在规定的水平地震作用下，短肢剪力墙承担的底部倾覆力矩不宜大于结构底部总地震倾覆力矩的50%。

2）房屋适用高度应比规范规定的剪力墙结构的最大适用高度适当降低，7 度、8 度（0.2g）和 8 度（0.3g）时分别不应大于100m、80m 和60m。

3）具有较多短肢剪力墙的剪力墙结构是指，在规定的水平地震作用下，短肢剪力墙承担的底部倾覆力矩不小于结构底部总地震倾覆力矩的30%的剪力墙结构。

（2）当剪力墙墙肢的截面高度与厚度之比不大于4时，宜按框架柱进行截面设计。

（3）跨高比小于5的连梁应按规范的有关规定设计，跨高比不小于

5 的连梁宜按框架梁设计。

2. 构件截面设计

（1）剪力墙的厚度

1）一、二级剪力墙：底部加强部位不应小于 200mm，其他部位不应小于 160mm；一字形独立剪力墙底部加强部位不应小于 220mm，其他部位不应小于 180mm。

2）三、四级剪力墙：不应小于 160mm，一字形独立剪力墙的底部加强部位尚不应小于 180mm。

3）非抗震设计时不应小于 160mm。

4）剪力墙井筒中，分隔电梯井或管道井的墙肢截面厚度可适当减小，但不宜小于 160mm。

（2）构造要求

1）短肢剪力墙的全部竖向钢筋的配筋率，底部加强部位一、二级不宜小于 1.2%，三、四级不宜小于 1.0%；其他部位一、二级不宜小于 1.0%，三、四级不宜小于 0.8%。

2）剪力墙竖向和水平分布钢筋的配筋率，一、二、三级时均不应小于 0.25%，四级和非抗震设计时均不应小于 0.20%。

3.10　剪力墙布置原则及截面初估

1. 剪力墙布置原则

1）平面布置宜简单、规则，宜沿两个主轴方向或其他方向双向布置，两个方向的侧向刚度不宜相差过大。抗震设计时，不应采用仅单向有墙的结构布置。

2）宜自下到上连续布置，避免刚度突变。

3）门窗洞口宜上下对齐、成列布置，形成明确的墙肢和连梁；宜避免造成墙肢宽度相差悬殊的洞口设置；抗震设计时，一、二、三级剪力墙的底部加强部位不宜采用上下洞口不对齐的错洞墙，全高均不宜采用洞口局部重叠的叠合错洞墙。

4) 剪力墙不宜过长，较长剪力墙宜设置跨高比较大的连梁将其分成长度较均匀的若干墙段，各墙段的高度与墙段长度之比不宜小于3，墙段长度不宜大于8m。

2. 剪力墙规定及截面初估

（1）剪力墙结构最大适用高度、抗震等级和最大高宽比　剪力墙结构最大适用高度、抗震等级和最大高宽比的确定见表3.15。

表3.15　剪力墙结构最大高度、抗震等级和最大高宽比

设防烈度		非抗震设计	6		7		8（0.2g）		8（0.3g）		9
高度/m	全部落地剪力墙	150	140		120		100		80		60
	部分框支剪力墙	130	120		100		80		50		不采用
抗震等级	高度/m	—	≤80	>80	25～80	>80	25～80	>80	25～80	>80	25～60
	剪力墙	—	四	三	三	二	二	一	二	一	一
最大高宽比		7	6		6		5		5		4

说明：建筑场地为I类时，除6度外应允许按表内降低一度所对应的抗震等级采取抗震构造措施，但相应的计算要求不应降低。

（2）剪力墙结构伸缩缝、沉降缝和防震缝宽度　规范规定剪力墙结构伸缩缝的最大间距为45m，防震缝宽度见表3.16所示。

表3.16　剪力墙结构防震缝宽度

设防烈度	6		7		8		9	
高度H/m	≤15	>15	≤15	>15	≤15	>15	≤15	>15
防震缝宽度/mm	≥100	≥100+4×h×0.5	≥100	≥100+5×h×0.5	≥100	≥100+7×h×0.5	≥100	≥100+10×h×0.5

说明：1. 防震缝两侧结构类型不同时，宜按需要较宽防震缝的结构类型和较低房屋高度确定缝宽。

2. 抗震设计时，伸缩缝、沉降缝的宽度应满足防震缝的要求。

3. 表中$h=H-15$。

（3）剪力墙底部加强区高度的确定

1）抗震设计时，剪力墙底部加强部位的范围，应符合下列规定：①底部加强部位的高度，应从地下室顶板算起；②底部加强部位的高度可取底部两层和墙体总高度的 1/10 二者的较大值；③当结构计算嵌固端位于地下一层底板或以下时，底部加强部位宜延伸到计算嵌固端。

2）带转换层的高层建筑结构，其剪力墙底部加强部位的高度应从地下室顶板算起，宜取至转换层以上两层且不宜小于房屋高度的 1/10。

（4）剪力墙截面厚度初估。首次结构建模时，剪力墙的截面厚度可参考下表 3.17 给出的数据初定一个数，然后通过计算再进行截面调整，最终确定出合适的截面厚度。

表 3.17　剪力墙截面厚度初估值　　（单位：mm）

层数	11~15	16	17~20	21~25	26~30	31~40	备注
6.6~8.0m 开间	200（180）	200	250	300	350	400	（ ）内数字用于内墙
3.3~3.9m 开间	200（160）	200（180）	200（180）	250	300	350	

3.11　框架-核心筒结构设计要点

1. 核心筒的设计

1）核心筒的宽度不宜小于筒体总高的 1/12，当筒体结构设置角筒、剪力墙或增强结构整体刚度的构件时，核心筒的宽度可适当减小。

2）筒体墙的厚度不应小于 160mm 且不宜小于层高或无支长度的 1/20，底部加强部位的抗震墙厚度不应小于 200mm 且不宜小于层高或无支长度的 1/16。

3）筒体底部加强部位及相邻上一层，当侧向刚度无突变时不宜改变墙体厚度。

4）内筒的门洞不宜靠近转角。

5）框架-核心筒结构一、二级筒体角部的边缘构件宜按下列要求加强：底部加强部位，约束边缘构件范围内宜全部采用箍筋，且约束边缘构件沿墙肢的长度宜取墙肢截面高度的1/4，底部加强部位以上的全高范围内宜按转角墙的要求设置约束边缘构件。

6）筒体角部附近不宜开洞，当不可避免时，筒角内壁至洞口的距离不应小于500mm和开洞墙截面厚度的较大值。

7）核心筒或内筒的外墙不宜在水平方向连续开洞，洞间墙肢的截面高度不宜小于1.2m；当洞间墙肢的截面高度与厚度之比小于4时，宜按框架柱进行截面设计。

2. 框架的设计

1）框架-核心筒结构的周边柱间必须设置框架梁。

2）楼面大梁不宜支承在内筒连梁上。楼面大梁与内筒或核心筒墙体平面外连接时，不宜支承在洞口连梁上；沿梁轴线方向宜设置与梁连接的抗震墙，梁的纵筋应锚固在墙内；也可在支承梁的位置设置扶壁柱或暗柱，并应按计算确定其截面尺寸和配筋。

3）除加强层及其相邻上下层外，按框架-核心筒计算分析的框架部分各层地震剪力的最大值不宜小于结构底部总地震剪力的10%。当小于10%时，核心筒墙体的地震剪力应适当提高，边缘构件的抗震构造措施应适当加强；任一层框架部分承担的地震剪力不应小于结构底部总地震剪力的15%。

4）加强层的大梁或桁架应与核心筒内的墙肢贯通；大梁或桁架与周边框架柱的连接宜采用铰接或半刚性连接。

5）抗震设计时，框筒柱和框架柱的轴压比限值可按框架-剪力墙结构的规定采用。

3.12 框架-核心筒平面布置及构造要求

1. 框架-核心筒平面布置要求

1）墙肢宜均匀、对称布置。

2）当内筒偏置、长宽比大于2时，宜采用框架-双筒结构。

3）核心筒与框架之间的楼盖宜采用梁板体系；部分楼层采用平板体系时应有加强措施。

4）核心筒宜贯通建筑物全高。

5）对内筒偏置的框架-筒体结构，应控制结构在考虑偶然偏心影响的规定地震力作用下，最大楼层水平位移和层间位移不应大于该楼层平均值的 1.4 倍，结构扭转为主的第一自振周期 T_t 与平动为主的第一自振周期 T_l 之比不应大于 0.85，且 T_l 的扭转成分不宜大于 30%。

6）当框架-双筒结构的双筒间楼板开洞时，其有效楼板宽度不宜小于楼板典型宽度的 50%，洞口附近楼板应加厚，并应采用双层双向配筋，每层单向配筋率不应小于 0.25%；双筒间楼板宜按弹性板进行细化分析。

7）核心筒或内筒的外墙与外框柱间的中距，非抗震设计大于 15m、抗震设计大于 12m 时，宜采取增设内柱等措施。

2. 框架-核心筒的构造要求

1）底部加强部位主要墙体的水平和竖向分布钢筋的配筋率均不宜小于 0.30%。

2）底部加强部位角部墙体约束边缘构件沿墙肢的长度宜取墙肢截面高度的 1/4，约束边缘构件范围内应主要采用箍筋。

3）底部加强部位以上角部墙体宜按《高规》第 7.2.15 条的规定设置约束边缘构件。

4）筒体墙的水平、竖向配筋不应少于两排，其竖向和水平分布钢筋的配筋率，一、二、三级时均不应小于 0.25%，四级和非抗震设计时均不应小于 0.20%。

5）一、二级核心筒和内筒中跨高比不大于 2 的连梁，当梁截面宽度不小于 400mm 时，可采用交叉暗柱配筋，并应设置普通箍筋；截面宽度小于 400mm 但不小于 200mm 时，除配置普通箍筋外，可另增设斜向交叉构造钢筋。

3. 框架-核心筒规定及墙截面初估

（1）框架-核心筒高度、抗震等级和高宽比　框架-核心筒结构最大适用高度、抗震等级和最大高宽比的确定见表 3.18。

表 3.18　框架-核心筒最大适用高度、抗震等级和最大高宽比

设防烈度			非抗震	6		7		8（0.2g）		8（0.3g）		9
高度/m	框架-核心筒		160	150		130		100		90		70
抗震等级	高度/m		—	≤80	>80	≤80	>80	≤80	>80	≤80	>80	≤60
	框架-核心筒	框架	—	三		二		一		一		—
		核心筒	—	二		二		一		一		—
高宽比			8	7		7		6				4

说明：1. 建筑场地为Ⅰ类时，除6度外应允许按表内降低一度所对应的抗震等级采取抗震
　　　　构造措施，但相应的计算要求不应降低。
　　　2. 当框架-核心筒结构的高度不超过60m时，其抗震等级应允许按框架-剪力墙结构
　　　　采用。

（2）筒体墙厚度的确定　筒体墙应按《高规》附录 D 验算墙体稳定，且外墙厚度不应小于200mm，内墙厚度不应小于160mm。设计人员在结构建模时，可参照下表 3.19 给出的筒体墙的初估厚度进行试算，再进行截面调整，直到整体指标符合要求。

表 3.19　筒体墙截面厚度初估值　　　（单位：mm）

设防烈度	25～29层	30～34层	35～39层	40～44层	45～49层	50层
6 度	350	400	450	500	550	600
7 度	400	450	500	550	600	650
8 度	450	500	550	600	650	700

3.13　钢筋混凝土构件防火设计

民用建筑的耐火等级可分为一、二、三、四级。建筑构件的耐火极限与建筑的耐火等级有关。按照《建筑设计防火规范》GB 50016—2014（以下简称《建规》）第5.1.2条规定，不同耐火等级建筑相应构件的燃烧性能和耐火极限不应低于表 3.20 的规定。

表 3.20　建筑构件的燃烧性能和耐火极限　　（单位：h）

构件名称		耐火等级			
		一级	二级	三级	四级
墙	防火墙	3.00	3.00	3.00	3.00
	承重墙	3.00	2.50	2.00	难燃性 0.50
	非承重外墙	1.00	1.00	0.50	可燃性
	楼梯间和前室的墙；电梯井的墙；住宅建筑单元之间的墙和分户墙	2.00	2.00	1.50	难燃性 0.50
	疏散走道两侧的隔墙	1.00	1.00	0.50	难燃性 0.25
	房间隔墙	0.75	0.50	难燃性 0.50	难燃性 0.25
柱		3.00	2.50	2.00	难燃性 0.50
梁		2.00	1.50	1.00	难燃性 0.50
楼板		1.50	1.00	0.50	可燃性
屋顶承重构件		1.50	1.00	可燃性 0.50	可燃性

1. 梁、板、柱和墙的耐火极限

常见梁、板、柱和墙的实际耐火极限如表 3.21 所示。若构件实际耐火极限小于《建规》规定的限值，则应采取防火措施。

表 3.21　梁、板、柱和墙的燃烧性能和实际耐火极限

构件名称		构件厚度或截面尺寸/mm	耐火极限/h	燃烧性能
承重墙	混凝土、钢筋混凝土实体墙	120	2.50	不燃性
		180	3.50	不燃性
		240	5.50	不燃性
		370	10.50	不燃性

（续）

构件名称		构件厚度或截面尺寸/mm	耐火极限/h	燃烧性能
承重墙	加气混凝土砌块墙	100	2.00	不燃性
	轻质混凝土砌块墙	120	1.50	不燃性
		240	3.50	不燃性
		370	5.50	不燃性
	普通黏土砖墙（双面抹灰15mm厚）	150	4.50	不燃性
		180	5.00	不燃性
		240	8.00	不燃性
	粉煤灰硅酸盐砌块砖	200	4.00	不燃性
	加气混凝土砌块墙	75	2.50	不燃性
		100	6.00	不燃性
		150	8.00	不燃性
	粉煤灰加气混凝土砌块墙	100	3.40	不燃性
	钢筋混凝土柱	200×300	2.50	不燃性
		240×240	2.00	不燃性
		300×300	3.00	不燃性
		200×400	2.70	不燃性
		200×500	3.00	不燃性
		300×500	3.50	不燃性
		370×370	5.00	不燃性
	普通黏土砖柱	370×370	5.00	不燃性
	钢筋混凝土圆柱	直径300	3.00	不燃性
		直径450	4.00	不燃性
简支钢筋混凝土梁	非预应力钢筋 保护层厚度10mm	—	1.20	不燃性
	保护层厚度20mm	—	1.75	不燃性
	保护层厚度25mm	—	2.00	不燃性
	保护层厚度30mm	—	2.30	不燃性
	保护层厚度40mm	—	2.90	不燃性
	保护层厚度50mm	—	3.50	不燃性
	预应力钢筋或高强度钢丝 保护层厚度25mm	—	1.00	不燃性
	保护层厚度30mm	—	1.20	不燃性
	保护层厚度40mm	—	1.50	不燃性
	保护层厚度50mm	—	2.00	不燃性

（续）

构件名称			构件厚度或截面尺寸/mm	耐火极限/h	燃烧性能
楼板	四边简支钢筋混凝土楼板	保护层厚度10mm	70	1.40	不燃性
		保护层厚度15mm	80	1.45	不燃性
		保护层厚度20mm	80	1.50	不燃性
		保护层厚度30mm	90	1.85	不燃性
	现浇整体式梁板	保护层厚度10mm	80	1.40	不燃性
		保护层厚度15mm	80	1.45	不燃性
		保护层厚度20mm	80	1.50	不燃性
		保护层厚度10mm	90	1.75	不燃性
		保护层厚度20mm	90	1.85	不燃性
		保护层厚度10mm	100	2.00	不燃性
		保护层厚度15mm	100	2.00	不燃性
		保护层厚度20mm	100	2.10	不燃性
		保护层厚度30mm	100	2.15	不燃性
		保护层厚度10mm	110	2.25	不燃性
		保护层厚度15mm	110	2.30	不燃性
		保护层厚度20mm	110	2.30	不燃性
		保护层厚度30mm	110	2.40	不燃性
		保护层厚度10mm	120	2.50	不燃性
		保护层厚度20mm	120	2.65	不燃性

2. 影响单向受弯构件的耐火极限的主要因素

建筑构件的耐火极限是指对建筑构件按时间—温度标准曲线进行耐火试验，从受到火的作用时起，到失去承载能力、完整性或隔热性时止所用时间。大量的试验表明，影响单向受弯构件耐火极限的主要因素如下：

（1）受拉钢筋在荷载作用下的初始应力 σ　在相同条件下，初始应力 σ 越大，钢筋用以抵抗火灾的剩余强度越小，因而构件耐火极限越小。反之，越大。

（2）受拉钢筋的设计强度 f_y　在相同的条件下，钢筋设计强度越大，构件的耐火极限越大；反之，越小。

（3）受拉钢筋保护层　在相同条件下，保护层越大，钢筋温度越低，因而抵抗火灾时间越长，耐火极限越大；反之，越小。

（4）构件高度　在耐火试验中，构件挠度中相当部分是由构件上下表面温度引起的温度变形，而构件高度与挠度成反比。

3. 单向受弯构件耐火极限计算

文献［44］推荐下式计算钢筋混凝土简支单向受弯构件耐火极限：

$$y = 98.2 - 60.1 \frac{\sigma_s}{f_y} + 0.904(a_s - 1)h \tag{3-1}$$

式中　y——构件耐火极限（min）；

　　　σ_s——荷载作用下的钢筋应力（N/mm²）；

　　　f_y——受拉钢筋设计强度（N/mm²）；

　　　a_s——受拉钢筋保护层厚度（cm）；

　　　h——构件高度（cm）。

式（3-1）表明，简支单向受弯构件的耐火极限与主筋保护层厚度及截面高度成正比，与钢筋的应力系数成反比。欲提高构件的耐火极限，可从两个方面采取措施，即增加保护层厚度和增加配筋量。适当地加大混凝土保护层厚度能有效地提高钢筋混凝土梁的抗火性能，一般钢筋混凝土结构受弯构件在使用荷载作用下常处于开裂状态，但过多地增加受拉钢筋混凝土保护层厚度，对其抗火能力提高有限。

例如，某简支钢筋混凝土梁，截面尺寸为200mm×400mm，保护层厚度 $a_s = 20$mm，$h = 400$mm，受力钢筋为 HRB400，$f_y = 360$N/mm²，取 $\sigma_s = 104$N/mm²，按照式（3-1）计算可得：$y = 98.2 - 17.4 + 36.2 = 117$（min）= 1.95h，与表3.21中数值基本接近。

4. 混凝土构件防火设计常见问题

《建规》第6.1.1条规定，防火墙应直接设置在建筑的基础或框架、梁等承重结构上，框架、梁等承重结构的耐火极限不应低于防火墙的耐火极限。在实际设计过程中，由于建筑防火分区面积超规范要求，建筑专业采用防火墙重新分隔布置，结构梁布置也应相应调整。如某二层丙类仓库，每层划分二个防火分区，采用防火墙分隔（图 3.2），按照《建规》第 3.2.9 条规定，甲、乙类厂房和甲、乙、丙类仓库内的防火墙，其耐火极限不应低于 4.00h。因此，防火墙下框架梁和柱耐火极限也应不低于 4.0h。结构设计人员应配合建筑要求，采取一定防火措施，确保梁和柱满足防火要求。图 3.3 所示结构说明中，因该二层仓库耐火等级为二级，依据《建规》第 3.2.1 条规定，梁的耐火极限不应低于 1.5h，柱的耐火极限不应低于 2.5h，防火墙下梁通过增设水泥砂浆抹灰面层保护层，厚度为 30mm + 30mm，耐火极限要求达到 4h 以上。柱截面尺寸为 500mm × 600mm，耐火极限 5h。

图 3.2　某医药仓库二层平面布置图

结构设计总说明

一、工程概况

1、项目名称：日照XXX药业有限公司—医药原料药项目—原料仓库

2、建设地点：日照XXX药业有限公司内

3、项目概况：建筑主体结构为多层，工业用房，一层6.0m、二层6.0m，建筑面积2996.38m²；结构型式：框架结构；基础型式：独立柱基础。

十三、构件耐火：

本工程为框架结构，承重结构和围护结构全为不燃烧体：外墙、隔墙、楼梯间墙、疏散走道两侧隔墙和房间隔墙都为240厚加气砼砌块，耐火极限4.8H，大于2.0H；柱最小截面为500x600，耐火极限5h，大于2.5H，保护层厚度为25mm的钢筋砼梁，耐火极限2h，大于1.5H；保护层厚度为20mm的现浇整体式楼板，最小结构厚度大于100mm，耐火极限2.1h，大于1.0H。防火墙采用240厚加气砼砌块，耐火极限4.8H，大于4h，防火墙下钢筋混凝土梁（保护层厚度为30mm+Φ1.6钢丝网抹面砂浆30mm），耐火极限大于4h以上各条均符合规范第3.2.1、3.2.9条要求。

图 3.3　某医药仓库构件耐火说明

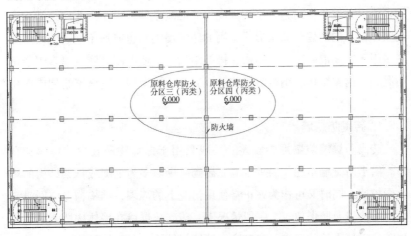

3.14 工业建筑中防爆墙设计要求

工业建筑中爆炸类型很多,例如气体爆炸、粉尘爆炸、锅炉爆炸等。爆炸对建筑物的破坏程度与爆炸类型、爆炸能量大小、爆炸距离及周围环境、建筑物本身的振动特性等多种因素有关,因此精确度量爆炸荷载的大小比较困难,防爆墙设计常常根据经验进行结构概念设计,采取合理的构造措施,以满足抗爆要求。根据防爆墙所用材料的不同,工业建筑中常用防爆墙主要分为:砖砌防爆墙、钢筋混凝土防爆墙、钢板防爆墙、成品防爆墙等。防爆墙可采用配筋砖墙,当相邻房间生产人员较多或设备较贵重时,宜采用现浇钢筋混凝土墙。由于工业建筑结构形式多样,不同的建筑结构形式选用的防爆墙类型也有所不同。砖砌防爆墙多用于钢筋混凝土框架结构、排架结构;钢筋混凝土防爆墙多用于钢筋混凝土框架结构;钢板防爆墙及成品防爆墙多用于钢框架结构或旧建筑改造中。

1. 砖砌防爆墙

砖砌防爆墙防爆性能较差,一般只用于爆炸物质较少的厂房和仓库。由于防爆墙不能作为承重墙,砖砌防爆墙多为框架或排架结构的填充围护墙,同时又可作为在正常使用情况下的隔墙,结构构造应同时满足抗震构造及防爆要求。一般情况下,砖砌防爆墙在墙体构造上应适当强于抗震填充墙的要求。砖砌防爆墙墙体结构构造一般要求为:

(1) 材料 砖型号应选用各材质类型实心砖,且最好选用当地质量密度较大的材质砖,如混凝土实心砖、页岩煤矸石实心砖等。实心砖强度等级不应小于 M10,砌筑砂浆强度等级不应低于 MU7.5。

(2) 砖墙厚度不应小于 370mm 当为 240mm 时,两侧抹灰应适当加厚,且抹灰层内附加钢丝网。

(3) 构造钢筋 沿墙垂直高度每 0.5m 不应少于 $2\phi8$ 拉筋,且应沿墙水平通长贯通。钢筋混凝土柱上设置水平拉筋位置应预埋不小于 $2\phi10$ 钢筋,水平拉筋两端与预埋钢筋焊接,焊接长度不小于 $5d$ 或镀锌铁丝绑扎。在保证质量的情况下，砖砌防爆墙墙体内水平拉筋也可采用植筋方式与混凝土结构构件相连。

（4）砖墙构造柱设置　墙长大于4m时，应在墙体中部设置钢筋混凝土构造柱，且构造柱顶应与框架梁板底植筋或预埋钢筋相连；墙高超过4m时，应在墙体半高设置与构造柱、框架柱相连接且沿墙全长贯通的钢筋混凝土水平系梁。

（5）工程实例　某综合制剂车间，为单层钢筋混凝土框架结构，在①～③轴线间按工艺要求需设置防爆墙，如图3.4所示；选用砖砌防爆墙做法如图3.5所示。

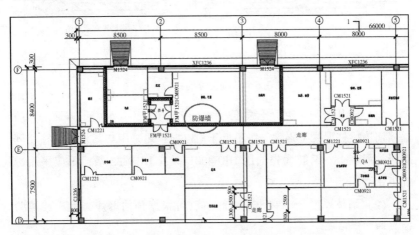

图 3.4　某综合制剂车间平面布置图

2. 钢筋混凝土防爆墙

钢筋混凝土防爆墙与主体结构连接性能好，且防爆性能较砖砌防爆墙优越，使用比较普遍。防爆墙周边钢筋伸入框架梁柱内的锚固长度应满足基本锚固长度要求。计算墙面配筋时按四边固定于框架梁柱进行模型简化，根据墙板长宽比按单向板或双向板进行受力配筋计算。钢筋混凝土在构造上也应进行加强处理。另外，对于钢筋混凝土防爆墙，通过增加墙体厚度、减小防爆墙高跨比、提高纵向配筋率对提高其抗爆能力非常重要。钢筋混凝土防爆墙墙体构造一般要求：

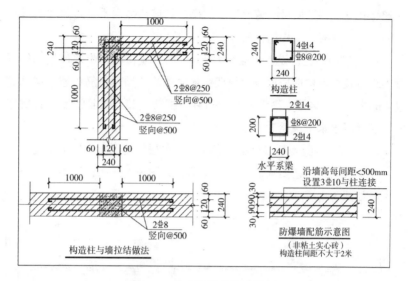

图 3.5　砖砌防爆墙构造详图

（1）选用材料　混凝土强度等级不应低于 C30，为施工方便，当防爆墙周边梁柱混凝土强度等级不低于 C30 时，可采用与其相连梁柱相同等级的混凝土。钢筋优先选用 HRB400E 级或 HRB335 级，不应采用冷加工钢筋。

（2）墙体厚度　不宜小于 200mm，可根据预估爆炸力大小或经验适当增加。

（3）钢筋选用　墙体横向和竖向分布钢筋，每层每向钢筋配筋率均不应小于 0.25%。钢筋直径不应小于 12mm，间距不应大于 200mm，且双排布置，双排分布钢筋间应设置不小于 $\phi 8$ 拉筋，拉筋隔一拉一。

（4）混凝土墙上尽量避免开洞　当必须开洞时洞周应增加构造暗柱进行加强，且洞口处应采用满足抗爆要求的材料封堵。

第4章 钢结构设计中的概念设计

现代钢结构从传统的重钢厂房到轻钢、薄钢厂房，从多层的框架到各种高层、超高层建筑钢结构体系，从传统的网架、网壳等空间结构体系到各式各样的大跨度的现代半刚性、柔性或杂交空间结构体系等。不同结构体系可能带来不同、甚至全新的设计概念、理论知识及设计方法等，结构设计人员应做好前期的方案比选及设计优化工作。结构选型时，应根据工程的条件与特点，综合考虑建筑的使用功能、荷载性能、制作安装、材料供应等因素，择优选择抗震和抗风性能良好，而又经济合理的结构体系和结构形式。例如在工业厂房中，当有较大悬挂荷载或大范围移动荷载，就应考虑放弃门式刚架而采用网架。基本雪压和降雨量大的地区，屋面曲线应有利于积雪滑落和排水。建筑允许时，在框架中布置支撑会比采用简单的节点刚接的框架更经济。对于屋面覆盖跨度较大的建筑，可选择构件受拉为主的悬索或索膜结构体系。对高烈度设防的高层钢结构，宜选用钢框架-支撑、钢框架-筒体或筒中筒等钢结构体系。同时应配合建筑师，共同商定符合抗震、抗风原则的结构平面与立面布置。

4.1 钢结构设计步骤

1. 构件截面的估算

结构方案确定后，需对构件截面作初步估算。主要是梁柱和支撑等的断面形状与尺寸的假定。对应不同的结构，规范对截面的构造要求有很大的不同，如钢结构所特有的组成构件的板件的局部稳定问题，在普钢规范和轻钢规范中的限值有很大的区别。除此之外，构件截面形式的选择没有固定的要求，设计人员应该根据构件的受力情况，合理地选择安全经济美观的截面。如果构件截面选用不合适，将给后续的优化带来困难。因此，合适的结构方案和截面高度是钢结构精心设计最关键的两步，对初接触钢结构的设计人员来说是非常重要的，千万不能掉以轻心。

2. 参数的合理选取

对于一个新建工程，利用专业软件进行结构设计时，最关键的一步就是参数的合理选取，结构软件中参数基本有三类：一类是隐含参数（无法修改），另一类是多选项参数（由设计人员任选其一），还有一类是必填参数（重点关注）。设计人员如果不明白这些参数的含义而随意选取或按软件的默认值，其计算结果将是十分危险的。

3. 结果的可靠分析

《高规》第 5.1.16 条和《抗规》第 3.6.6 均明确规定，对结构分析软件的计算结果，应进行分析判断，确认其合理、有效后方可作为工程设计的依据。

4. 截面的优化设计

沈祖炎教授[50]对钢结构建筑总结为"轻、快、好、省"四个优异性能：

1）钢结构具有轻质高强性。

2）钢结构的工业化程度高，工期短。

3）钢结构材性好，可靠性高。

4）从整体上看，钢结构更"省"。

为了达到"省"的目的，建筑钢结构的优化设计尤为重要，钢结构节材也是绿色建筑最重要的内容。同样一个项目由于结构设计上的差别结果会截然不同。并不是所有建成的钢结构都能达到节材的目的，我国也出现了不少大型笨重和造型怪异的钢结构。优良的钢结构必须是结构骨架节材，墙体节能，最大限度地满足功能，最低限度地影响环境，为人们提供健康、舒适的活动空间。并能在建筑全生命周期内，满足可持续发展理念，这是结构工程师一生的追求。

5. 节点设计与构造

钢结构连接节点的构造设计是钢结构整体设计中一个重要的环节。连接节点的设计是否得当，对保证钢结构的整体性和可靠度，对制造安装的质量和进度，对整个建设周期和成本都有着直接的影响。节点设计应遵循以下原则：

1）节点处内力传递简捷明确，安全可靠。
2）确保连接节点有足够的强度和刚度。
3）节点加工简单、施工安装方便。
4）经济合理。

随着经济的高速发展，我国钢结构建筑发展迅速，掌握并能快速地进行钢结构建筑设计已经成为当代结构工程师必备的技能之一。与传统的混凝土结构相比，从结构整体分析与计算角度，钢结构主要是采用截面形式不同，其他方面与混凝土结构相差并不大。但在节点构造连接，构件与细部结构设计方面，与混凝土结构有较大差别，这些方面也是钢结构设计特点的主要体现。

4.2　钢结构设计方法

1. 钢结构应用范围

钢结构由于具有自重轻、承载力高、抗震性能好、绿色环保等优势而广泛应用于工业与民用建筑的各个领域，例如一些超高层建筑、大跨度公共建筑、高温车间、重型厂房等。工业与民用建筑按其应用钢结构的形式可分为以下几类：

（1）各种类型的工业厂房　如冶金、机械制造与加工等重型工业厂房，这些厂房高度高、跨度大，且有大吨位吊车，必须采用钢结构。另外，有强烈辐射热的车间，也经常采用钢结构。结构形式多为由钢屋架和阶形柱组成的门式刚架或排架，也有采用网架做屋盖的结构形式。

（2）大跨度结构　利用钢材强度高、结构重量轻的优点，钢结构大量应用于大跨空间结构和大跨桥梁结构中。所采用的结构形式有空间桁架、网架、网壳、悬索（包括斜拉体系）、张弦梁、实腹或格构式拱架和框架等。

（3）受动力荷载影响的结构　由于钢材具有良好的韧性，设有较大锻锤或产生动力作用的设备厂房，即使屋架跨度不大，也往往采用钢结构。对于抗震能力要求高的结构，采用钢结构也是比较适宜的。

（4）高耸结构　高耸结构包括塔架和桅杆结构，如高压输电线路的塔架、广播、通信和电视发射用的塔架和桅杆、火箭（卫星）发射塔架等。

（5）多层和高层建筑　由于钢结构的综合效益指标优良，近年来在多、高层民用建筑中也得到了广泛的应用。其结构形式主要有多层框架、框架-支撑结构、框筒结构、筒中筒结构、巨型框架结构等。

（6）特种结构　冶金、石油、化工企业中大量采用钢板做成的容器结构，包括油罐、煤气罐、高炉、热风炉等。此外，经常使用的还有带式通廊栈桥、管道支架、锅炉支架等其他钢构筑物，海上采油平台也大多采用钢结构。

（7）可拆卸或移动的结构　钢结构不仅重量轻，还可以用螺栓或其他便于拆装的手段来连接，因此非常适用于需要搬迁的结构，如建筑工地、油田和需野外作业的生产和生活用房的骨架等。

（8）轻型钢结构　钢结构重量轻不仅对大跨结构有利，对屋面活荷载特别轻的小跨结构也体现出优越性。因为当屋面活荷载特别轻时，小跨结构的自重也成为一个重要因素。冷弯薄壁型钢屋架在一定条件下的用钢量可比钢筋混凝土屋架的用钢量还少。轻钢结构的结构形式有实腹变截面门式刚架、冷弯薄壁型钢结构（包括金属拱形波纹屋盖）以及钢管结构等。

（9）组合结构　钢与混凝土组合结构依据钢材形式与配钢方式不同可分为压型钢板与混凝土组合楼板、钢与混凝土组合梁、劲性钢筋混凝土、钢管混凝土和外包钢混凝土等多种形式。

2. 钢结构设计指导思想

钢结构设计应在以下设计思想的指导下进行：

1）钢结构在运输、安装和使用过程中必须有足够的强度、刚度和稳定性，整个结构必须安全可靠。

2）应从工程实际情况出发，合理选用材料、结构方案和构造措施，应符合建筑物的使用要求，具有良好的耐久性。

3）尽可能节约钢材，减轻钢结构重量。

4）尽可能缩短制造、安装时间，节约劳动工日。

5）结构要便于运输、便于维护。

6）可能条件下，尽量注意美观，特别是外露结构，应有一定建筑美学要求。

根据以上各项要求，钢结构设计应该重视、贯彻和研究充分发挥钢结构特点的设计思想和降低造价的各种措施，做到技术先进、经济合理、安全适用、确保质量。

3. 钢结构设计技术措施

为了更好地体现钢结构的设计思想，应采取以下的技术措施：

1）在规划结构时采用尺寸模数化、构件标准化、构造简洁化，以便于钢结构制造、运输和安装。

2）采用新的结构体系，例如用空间结构体系代替平面结构体系，结构形式要简化、明确、合理。

3）采用新的计算理论和设计方法，推广适当的线性和非线性有限元方法，研究薄壁结构理论和结构稳定理论。

4）采用焊缝和高强螺栓连接，研究和推广新型钢结构连接方式。

5）采用具有较好经济指标的优质钢材、合金钢或其他轻金属，使用薄壁型钢。

6）采用组合结构或复合结构，例如钢与钢筋混凝土组合梁、钢管混凝土构件及由索组成的复合结构等。

钢结构设计应因地制宜、量材使用，切勿生搬硬套。上述措施不是在任何场合都行得通的，应结合具体条件进行方案比较，采用技术经济指标都好的方案。此外，还要总结、创造和推广先进的制造工艺和安装技术，任何脱离施工的设计都不是成功的设计。

4.3 钢结构设计总则

钢结构设计做到经济合理、安全可靠是保证高质量钢结构建筑的重要环节，因此，除了合理地进行钢结构选型外，还应严格遵循《钢结构设计标准》《高层民用建筑钢结构技术规程》等规范、规程的规定和以下主要设计原则：

1）除疲劳计算外，其他设计计算均采用以概率论为基础的极限状态设计方法进行设计。

2）所有承载结构按承载能力极限状态和正常使用极限状态的原则进行设计计算。

3）设计时应根据不同建筑来考虑安全等级要求，并通过相应系数体现在荷载效应计算中。

4）结构构件或连接按承载能力极限状态设计时，一般应按使用条件采用荷载效应的基本组合或偶然组合进行考虑。

5）对于正常使用极限状态，应根据不同的设计要求，采用不同的荷载组合（标准组合、频遇组合或准永久组合等）。

6）疲劳计算时采用基于名义应力的容许应力幅法。

7）钢材的选择应考虑结构的重要性、受荷载情况、连接工艺、建筑物所处的环境等影响因素。

8）选择钢材时应满足的指标主要有：抗拉强度、屈服点、伸长率、硫和磷含量限定及碳含量限定、冷弯试验指标和冲击韧性指标。

9）对于冷弯薄壁型钢结构设计，应采用有效截面面积值进行计算，并遵守《冷弯薄壁型钢结构技术规范》的相关规定。

4.4 钢结构设计总流程

钢结构设计的过程与钢筋混凝土结构的设计大同小异，主要区别在于钢结构构件截面类型较多，需要进行复杂的节点设计。一般钢结构设计基本上都经过以下几个步骤（以 PKPM 软件为例，见图 4.1）：

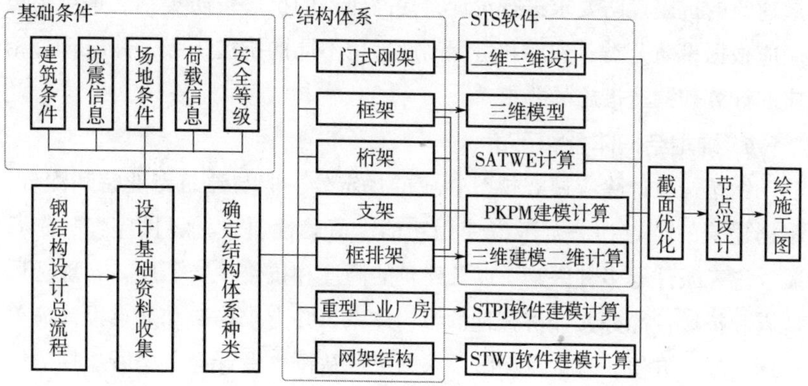

图 4.1 钢结构设计流程图

1. 设计必备规范和图集

设计人员必备资料概括为"五个一"：一规范、一标准、一规程、一手册、一图集。

1）《建筑抗震设计规范》GB 50011—2010，简称《抗规》。

2）《钢结构设计标准》GB 50017—2017，简称《钢标》。

3）《高层民用建筑钢结构技术规程》JGJ 99—2015，简称《高钢规》。

4）《新钢结构设计手册》：《新钢结构设计手册》编委会。

5）多、高层民用建筑钢结构节点构造详图（16G519）。

2. 确定结构的基础信息

依据建筑专业提供的条件，了解项目所在地区，确定与地震作用有关的参数，包括抗震设防烈度、设计基本地震加速度、地震分组、基本风压、基本雪压等；研读勘察报告，了解地基情况，为后续基础设计做准备。

3. 确定钢结构抗震等级

首先根据项目性质判定建筑工程的抗震设防类别。依据《建筑工程抗震设防分类标准》GB 50223—2008（以下简称《分类标准》），对幼儿园、中小学校、医院、体育场馆、博物馆、文化馆、图书馆、影剧院、商场、交通枢纽等人员密集的公共服务设施，应当按照高于当地房屋建筑的抗震设防要求进行设计，提高建筑的抗震设防类别。钢结构房屋应根据设防分类，烈度和房屋高度采用不同的抗震等级，并应符合相应的计算和构造措施的要求。

4. 确定结构体系和布置

钢结构设计除应遵守规范相应的规定外，应与建筑专业密切配合，根据建筑的特点，综合考虑使用功能、荷载性质、材料供应、制作安装、施工条件等多种因素，以及建筑的高度和抗震设防烈度，合理选用抗震和抗风性能好又经济合理的结构体系。并力求构造和节点设计简单合理，施工方便。有抗震设防要求的更应从概念设计上考虑所选择的结构体系具有多道抗震防线，使结构体系适应由支撑→梁→柱的屈服顺序机制，或耗能梁段→支撑→梁→柱的屈服顺序机制，并要避免结构刚度在水平和竖向上的突变等。

结构的布置要根据选用体系的特征、荷载分布情况及性质等综合考虑。一般来说，要刚度均匀，力学模型清晰。尽可能限制大荷载或移动荷载的影响范围，使其以最直接的线路传递到基础。柱间抗侧支撑的分布应均匀。

5. 截面选择和估算

结构布置结束后，需对构件截面作初步选择并估算其高度。主要是梁柱和支撑等的断面形状与尺寸的假定。钢梁可选择槽钢、轧制或焊接 H 型钢截面等。根据荷载与支座情况，其截面高度通常取跨度的 1/20 ~ 1/50。确定了截面高度和翼缘宽度后，其板件厚度可按规范中局部稳定的构造规定预估。柱截面按长细比预估。根据轴心受压、双向受弯或单向受弯的不同，可选择钢管或 H 型钢截面等。初次接触钢结构的设计人员应注意，对应不同的结构，规范中对截面的构造要求有很大的不同。如钢结构所特有的组成构件的板件的局部稳定问题。在普钢和轻钢中的限值有很大的区别。除此之外，构件截面形式的选择没有固定的要求，结构设计人员应该根据构件的受力情况，合理地选择安全经济美观的截面。

6. 结构内力分析和构件验算

根据建筑可能受到各种荷载与作用，如风荷载、雪荷载、地震作用、温度作用、建筑自重，以及建筑的各种使用可变荷载，利用结构计算软件进行结构地震作用计算、结构位移计算、构件内力计算及构件验算。

7. 构件设计与截面优化

构件的设计首先是材料的选择。多高层钢结构的钢材宜采用 Q235 钢和 Q355、Q390 和 Q420 等级 B、C、D、E 的低合金高强度结构钢。通常主结构使用单一钢种便于工程管理。从经济方面考虑，也可以选择不同强度钢材的组合截面。当强度起控制作用时，可选择 Q355 钢；稳定起控制作用时，宜采用 Q235 钢。如果结构验算结果过于富余或不满足，应调整结构构件尺寸或结构布置，进行截面优化。结构软件一般都设有截面优化设计功能，极大地减少了设计人员的工作量。但是需注意以下两点：

（1）软件在对柱的截面验算时，计算长度系数的取值按照默认值有可能是错误的，需设计人员手动调整。所以，对于节点连接情况复杂或变截面的构件，设计人员应该逐个检查。

（2）当预估的截面不满足时，加大截面应该分两种情况区别对待。

1）强度不满足时，通常加大组成截面的板件厚度，其中，抗弯不满足时加大翼缘厚度，抗剪不满足时加大腹板厚度。

2）变形超限时，通常不应加大板件厚度，而应考虑加大截面的高度，否则，会很不经济。

8. 节点设计与构造

钢结构连接节点的构造是钢结构工程中的重点，许多钢结构事故及震害都表明，钢结构大多是由于节点首先破坏而导致结构的整体破坏。节点设计不仅对结构安全有重要的影响，而且直接影响钢结构的制作、安装及造价。因此节点设计是整个钢结构设计工作的重要环节。在结构分析前，就应该对节点的形式有充分思考与确定。常常出现的一种情况是，最终设计的节点与结构分析模型中使用的形式不完全一致，这一点必须避免。

连接节点的类别，依据节点处传递荷载的情况、所采用的连接方法以及其细部构造；按节点的力学特性，可分为刚性连接节点、半刚性连接节点和铰接连接节点。初学者宜选择可以简单定量分析的前两者。连接的不同对结构影响甚大。比如，有的刚接节点虽然承受弯矩没有问题，但会产生较大转动，不符合结构分析中的假定。会导致实际工程变形大于计算数据等的不利结果。节点设计一般应遵循以下原则：

（1）首先确定节点的形式。

（2）确定连接方法并分析计算　节点的形式确定后，确定具体采用的连接方法，并对节点进行分析计算。

1）节点处内力应传力简捷明确，安全可靠，减少应力集中，避免材料三向受拉。

2）节点受力的计算分析模型应与节点的实际受力情况相一致，节点的构造应尽量与设计计算的假定相符合。

3）节点连接应采用强连接弱构件的原则，确保连接节点有足够的强度和刚度，不致因连接弱而使整体结构破坏。

4）节点连接应按地震组合内力进行弹性设计，并对连接的极限承载力进行验算。

（3）确定节点的细部构造

1）采用合理的细部构造使节点连接具有良好的延性。

2）构件的拼接一般应采用与构件等强或比等强度更高的设计原则。

3）简化节点构造，以便于加工及安装时容易就位和调整。

9. 绘钢结构施工图

施工图中应表达清楚结构各构件的布置、各构件的材料、截面形式与尺寸，以及结构各节点的形式（是刚接还是铰接），所有不同节点的构造详图。

4.5　钢结构设计表示方法

1. 常用型钢的标注方法

常用型钢的标注方法应符合表 4.1 中的规定。

表 4.1　常用型钢的标注方法

序号	名称	截面	标注	说明
1	等边角钢		$b×t$	b 为肢宽 t 为肢厚
2	不等边角钢	B	$B×b×t$	B 为长肢宽 b 为短肢宽 t 为肢厚
3	工字钢		N　Q N	轻型工字钢加注 Q 字 N 为工字钢的型号
4	槽钢		N　Q N	轻型槽钢加注 Q 字 N 为槽钢的型号
5	方钢	b	b	
6	扁钢	b	$—b×t$	
7	钢板		$\dfrac{-b×t}{t}$	宽×厚 板长
8	圆钢		ϕd	
9	钢管		$DN××$ $d×t$	内径 外径×壁厚
10	薄壁方钢管		B $b×t$	
11	薄壁等肢角钢		B $b×t$	
12	薄壁等肢卷边角钢	a	B $b×a×t$	
13	薄壁槽钢	h	B $h×b×t$	薄壁型钢加注 B 字 t 为壁厚
14	薄壁卷边槽钢	a	B $h×b×a×t$	
15	薄壁卷边 Z 型钢	h　a	B $h×b×a×t$	

（续）

序号	名称	截面	标注	说明
16	T 型钢	⊤	TW×× TM×× TN××	TW 为宽翼缘 T 型钢 TM 为中翼缘 T 型钢 TN 为窄翼缘 T 型钢
17	H 型钢	H	HW×× HM×× HN××	HW 为宽翼缘 H 型钢 HM 为中翼缘 H 型钢 HN 为窄翼缘 H 型钢
18	起重机钢轨		QU××	详细说明产品规格型号
19	轻轨及钢轨		××kg/m 钢轨	

2. 螺栓、螺栓孔、电焊铆钉的表示方法

螺栓、螺栓孔、电焊铆钉的表示方法应符合表 4.2 的规定。

表 4.2　螺栓、螺栓孔、电焊铆钉的表示方法

序号	名称	图例
1	永久螺栓	M / φ
2	高强螺栓	M / φ
3	安装螺栓	M / φ
4	胀锚螺栓	d
5	圆形螺栓孔	孔 φ××
6	长圆形螺栓孔	φ×b ／ b
7	电焊铆钉	d

说明：
1. 细 "+" 线表示定位线
2. M 表示螺栓型号
3. φ 表示螺栓孔直径
4. d 表示膨胀螺栓、电焊铆钉直径
5. 采用引出线标注螺栓时，横线上标注螺栓规格，横线下标注螺栓孔直径

3. 常用焊缝标注方法

在钢结构施工中，常用焊接方法把型钢连接起来，由于设计时对连接有不同的要求，产生不同的焊接形式。在焊接的钢结构图纸上，必须把焊缝的位置、形式和尺寸标注清楚，焊缝要按"图标"规定，采用"焊缝代号"标注：焊缝代号主要由图形符号、补充符号和引出线等部分组成。如图4.2所示，图形符号表示焊缝断面的基本形式，补充符号表示焊缝某些特征的辅助要求，引出线表示焊缝的位置。

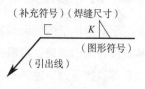

图4.2　焊缝代号

4. 其他常用焊缝代号图例

其他常用焊缝代号图例如图4.3所示。

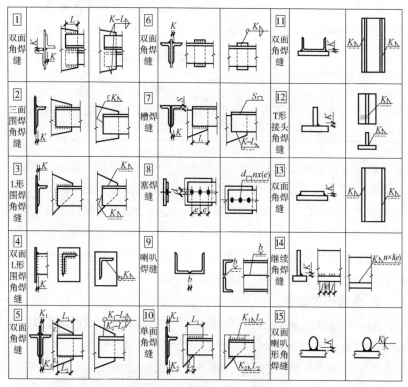

图4.3　常用焊缝代号图例

4.6 钢梁截面尺寸初估

正确选用梁的截面是钢梁设计的基本要求之一，为了达到安全可靠和经济合理的效果，可根据不同形状截面的几何特性及影响截面的外界因素等，按下面所述的步骤进行综合考虑，以求选择较为合理的截面。

1. 选择合理的截面形状

梁承受屋面和楼面传来的荷载，产生弯矩、剪力和扭矩，一般采用双轴对称的焊接或轧制的工字形截面形式。近年来在多、高层建筑中为降低房屋高度，有的采用空腹矩形扁梁。鉴于受弯构件采用双腹板截面不经济及梁柱节点连接的复杂性，故一般不采用箱形、矩形和圆形钢管梁。梁的用钢量与截面积 A 成正比，梁的承载能力则与构件的截面模量 W 成正比。因此可用 $\rho = W/A$ 作为梁的经济指标，ρ 值越大越经济。各种不同形状截面的 ρ 值见表 4.3 所列。

表 4.3 各种截面形状钢梁的 ρ 值

经济指标	工字钢		槽钢	矩形管	圆钢	圆管
	轧制	焊接				
$\rho = W/A$	$0.32h$	$0.34h$	$0.30h$	$0.167h$	$0.125d$	$0.245d_{cp}$
对工字形型钢的相对百分值	100	108	95	53	40	78

由于梁在平面弯曲情况下，工字钢及槽钢截面比矩形合理，矩形又比圆形合理，所以抗弯构件一般多采用工字形或槽形截面。而工字钢较槽钢更为合理，这不仅由于工字钢的 ρ 值略高于槽钢，更重要的是工字钢两主轴对称，弯曲或扭转中心在形心轴上，因此梁在平面弯曲的情况下不会发生扭转现象，而槽钢梁在承受竖向集中荷载时会产生扭转，所以选用槽钢时，应设置附件使竖向集中荷载通过弯曲中心。

2. 合理布置梁格

合理确定柱网及梁格的主要尺寸，即主梁的跨度、截面高度及次梁的截面高度、间距等，对梁截面的合理选用有着重要的意义。

（1）铺板和次梁的造价只与铺板本身的形式、次梁的间距和跨度有关。而最经济的主梁跨度是当一跨主梁的造价与一个支柱的造价相等时的跨度。

（2）在工程设计中，确定梁的截面高度有两个因素：

1）建筑高度的限制。

2）满足刚度要求。通常梁的最小高度 $h_{\min}$ 与跨度 L 之比可根据相对挠度值选取，见表 4.4。在一般情况下，梁高度如落在表内之值的 15% ~ 20% 范围内仍可采用。

表 4.4　梁高度与梁跨度的经济比值参考表

	吊车梁和吊车桁架		有轨道平台梁	手动单梁	楼盖主梁	楼盖次梁	屋盖檩条
$1/h_0 = f/L$	1/1000	1/750	1/600	1/500	1/400	1/250	1/200
$h_{\min}/L$	1/6	1/8	1/10	1/12	1/15	1/24	1/30

3. 梁的计算内容

1）强度计算包括：正应力、剪应力和扭应力，必要时计算局部压应力和折算应力。

2）整体稳定性。

3）局部稳定性。

4）焊接截面梁腹板考虑屈曲后强度的计算。

5）挠度。

4. 简支钢梁承载力选用表单

为了减少计算工作量，对承受均布荷载的简支梁可直接查表选取材料的截面尺寸。表 4.5 为集中荷载转化为等效均布载荷表；表 4.6 为热轧等边角钢承载能力选用表；表 4.7 为热轧普通槽钢承载能力选用表；表 4.8 为工字钢承载能力选用表。对于承受集中荷载的简支梁以及悬臂梁，可按表 4.5 中所列计算式将荷载换成简支梁上的等效均布载荷 g，然后再按表 4.6 ~ 表 4.8 查得。表 4.6 ~ 表 4.8 选用说明：①表中钢材选用 Q355；②钢梁按次梁计算，挠度容许值为 $L/250$；③考虑腐蚀裕度，取容许应力为 180MPa；④执行《建筑结构可靠性设计统一标准》GB 50068—2018。

表 4.5　集中荷载转化为等效均布载荷表

计算简图			
计算公式	$q = \dfrac{2P}{L}$	$q = \dfrac{8P}{3L}$	$q = 4q_1$	$q = 8\dfrac{P}{L}$

表 4.6　热轧等边角钢承载能力选用表

（单位：kN/m）

规格	1.0 挠度控制	1.0 强度控制	2.0 挠度控制	2.0 强度控制	3.0 挠度控制	3.0 强度控制	4.0 挠度控制	4.0 强度控制	5.0 挠度控制	5.0 强度控制	6.0 挠度控制	6.0 强度控制
L50×5	9.4	5.2	1.7	1.7								
L56×5	13.4	6.6	2.8	2.5								
L63×6	22.7	10.0	3.6	3.2								
L63×8	28.9	12.9	4.0	3.1								
L70×6	31.7	12.4	5.0	4.0	1.5	1.8						
L70×8	40.4	16.1	4.9	3.6	1.5	1.6						
L75×6	42.7	14.4	6.3	4.7	1.9	2.1						
L75×8	50.7	18.6	6.0	4.1	1.8	1.8						
L80×6	48.1	16.1	7.7	5.3	2.3	2.4						
L80×8	61.6	21.3	9.9	6.0	2.9	3.3						
L90×7			13.5	8.3	4.0	3.7	1.7	2.0				
L90×10			13.8	7.5	4.1	3.3	1.7	1.4				
L100×7			18.8	10.4	5.6	4.6	2.3	2.6				
L100×10			21.9	12.3	6.5	5.4	2.7	3.1				
L100×12					6.2	4.6	2.6	2.6				
L110×8					7.5	5.7	3.2	3.2				
L110×10					8.8	6.7	3.7	3.7	1.9	2.4		
L110×12					11.2	7.4	4.7	4.2	2.4	1.4		
L125×10					14.2	7.6	5.5	4.3	2.8	2.7	1.6	1.9
L125×12							6.7	5.3	3.4	3.4	2.0	2.3
L140×10							7.9	6.2	4.0	4.0	2.2	2.8
L140×12							10.2	6.9	5.2	4.4	3.0	3.1
L160×10							12.0	8.2	6.2	5.3	3.6	3.6
L160×12												

表 4.7　热轧普通槽钢承载能力选用表

（单位：kN/m）

规格	跨度/m											
	1.0		2.0		3.0		4.0		5.0		6.0	
	挠度控制	强度控制	挠度控制	强度控制	挠度控制	强度控制	挠度控制	强度控制	挠度控制	强度控制	挠度控制	强度控制
[10	166.3	66.1	20.8	16.5	22.6	7.3						
[12.6			40.0	25.8	11.9	11.5						
[14a			59.1	33.5	17.5	14.9	7.4	8.4				
[14b			63.9	36.2	18.9	13.5	8.0	9.0				
[16a			90.8	45.0	26.9	20.0	11.3	11.3	5.8	7.2	3.4	5.0
[16b			97.9	48.6	29.0	21.6	12.2	12.1	6.3	7.8	3.6	5.4
[18a					39.5	26.1	16.7	14.7	8.5	9.4	4.9	6.5
[18b					42.5	28.1	17.9	15.8	9.2	10.4	5.3	7.0
[20a					16.3	32.9	23.3	18.5	11.9	11.8	6.9	8.2
[20b					59.4	35.4	25.1	19.9	12.8	12.7	7.4	8.8
[22a					74.3	40.2	31.4	22.2	16.1	14.5	9.3	10.0
[22b					79.9	43.2	33.7	24.3	17.3	15.6	10.0	10.8
[25a					104.7	49.8	44.1	28.0	22.6	17.9	8.2	12.4
[25b					109.6	52.2	46.3	29.4	23.7	14.9	13.7	13.0
[28a							62.4	35.4	28.1	22.6	18.5	15.7
[28b							67.2	38.1	34.4	24.4	19.9	16.9
[32a							99.6	49.4	51.0	31.6	29.5	21.9
[32b							106.7	55.5	54.6	33.9	31.6	23.5
[36a									79.7	43.9	45.7	30.0
[36b									84.9	46.8	49.1	32.4
[40a									117.9	58.4	68.2	40.5

表 4.8 热轧普通工字钢承载能力选用表

（单位：kN/m）

规格	跨度/m											
	1.0		2.0		3.0		4.0		5.0		6.0	
	挠度控制	强度控制	挠度控制	强度控制	挠度控制	强度控制	挠度控制	强度控制	挠度控制	强度控制	挠度控制	强度控制
I10	205.4	81.5	25.7	20.4	7.6	9.0	3.2	5.1				
I12.6	409.6	129.0	51.2	32.2	15.2	14.1	6.4	8.1				
I14	597.1	169.7	74.6	42.4	22.1	18.9	9.3	10.6	4.8	6.8		
I16	947.6	234.6	118.4	58.7	35.1	67.6	14.8	14.7	7.6	9.4	6.1	6.5
I18			173.9	77.0	51.6	34.2	21.7	19.2	11.1	12.3	8.9	8.5
I20a			248.3	98.6	72.3	43.8	31.1	24.6	15.9	15.8	9.2	10.9
I20b			262.0	104.0	77.6	46.2	32.8	26.0	16.8	16.6	9.7	11.5
I22a					105.6	57.1	44.6	32.1	22.8	20.6	13.2	14.2
I22b					110.9	60.1	46.8	33.8	23.9	21.6	13.9	15.0
I25a					156.0	74.3	65.8	41.8	33.7	26.7	19.5	18.5
I25b					164.1	78.1	69.2	44.0	35.5	28.1	20.5	19.5
I28a							93.2	52.8	47.7	33.8	27.6	23.4
I28b							98.0	55.6	50.2	35.6	29.0	24.6
I32a									74.3	46.1	43.0	31.9
I32b									78.0	48.3	45.1	33.5
I36a									105.7	58.2	61.2	40.4
I36b									110.9	61.2	64.2	42.4

4.7　简支檩条承载力选用

表 4.9 ~ 表 4.11 选用说明：屋面坡度 0.1，屋面恒载 0.2kN/m²，屋面活载 0.5kN/m²，材料采用 Q235 钢。

4.8　钢柱截面合理选取

钢柱的常用截面形式有焊接 H 型钢、热轧 H 型钢、焊接箱形、焊接十字形和圆钢管等。抗震设防区的多高层钢框架结构柱通常为双向受弯构件，采用 H 型钢时，为使截面的两个主轴方向均有较好的抗弯性能，宜采用宽翼缘 H 型钢，一般取 $0.5h \leqslant b \leqslant h$。而柱由于受较大轴向压力，与 H 型钢梁相比，宜加大 H 形柱腹板的厚度，一般取 $0.5t_f \leqslant t_w \leqslant t_f$。与 H 形截面相比，箱形截面、十字形截面与圆形截面的双向抗弯性能接近，一般用于双向弯矩均较大的柱。在相同材质条件下，受压柱的承载能力与杆件截面的惯性矩成正比，与计算长度的平方成反比，所以要做到合理选择柱的截面，必须选用在相等截面面积下惯性矩为最大的截面几何形状，并使横截面两个方向上的惯性矩尽可能相等或接近。表 4.12 所列为不同截面形状杆件用于受压柱的用钢量分析表。由该表可知，在用钢量相同的情况下，柱在两个互相垂直的方向都与梁刚接时宜优先选用箱形截面柱，当柱仅在一个方向与梁刚接时，宜采用 H 形截面，并将柱腹板置于刚接框架平面内。

4.9　钢结构的防火设计要求

1. 钢结构防火设计的一般规定

（1）钢结构的防火包括结构的防火设计和结构的防火保护措施　钢结构防火设计的实质是：选定保护材料及所需厚度，从而使结构在火灾中的升温不超过其临界温度而确保耐火稳定性。防火设计的目标就是使结构构件的实际耐火时间大于或等于规定的耐火极限。

结构设计——从概念到细节

表 4.9 屋面 C 形简支檩条选用表

型号	用钢量/(kg/m)	跨度/m	最大间距/m 挠度限值1/150《门规》	最大间距/m 挠度限值1/200《薄钢规》	拉条设置
C100×50×15×2.0	2.59	4.0/5.0	1.1/0.7	1.0/0.6	1/1 道
C120×50×15×2.0	2.95	4.0/5.0	1.3/0.8	1.2/0.8	1/1 道
C120×50×15×2.2	3.24	4.0/5.0/6.0	1.6/1.0/0.6	1.5/0.9/0.6	1/1 道
C120×50×15×2.5	3.68	4.0/5.0/6.0	1.9/1.2/0.8	1.7/1.0/0.6	1/1 道
C140×50×15×2.0	3.60	4.0/5.0/6.0	1.7/1.1/0.7	1.6/1.0/0.7	1/1 道
C140×50×15×2.2	3.96	4.0/5.0/6.0	2.0/1.2/0.8	1.8/1.1/0.7	1/1 道
C140×50×15×2.5	4.50	4.0/5.0/6.0	2.3/1.4/1.0	2.0/1.2/0.8	1/1 道
C160×65×20×2.0	4.95	5.0/6.0/7.5	1.5/1.0/0.6	1.4/0.9/0.6	1/1 道
C160×65×20×2.2	5.45	5.0/6.0/7.5	1.5/1.1/0.7	1.4/1.0/0.6	1/1 道
C160×65×20×2.5	6.19	5.0/6.0/7.5	2.0/1.3/0.8	1.9/1.3/0.7	1/1 道
C180×70×20×2.0	5.39	5.0/6.0/7.5	1.6/1.1/0.7	1.6/1.0/0.6	1/1 道
C180×70×20×2.2	5.93	5.0/6.0/7.5	2.0/1.3/0.8	1.9/1.2/0.7	1/1 道
C180×70×20×2.5	6.74	5.0/6.0/7.5	2.2/1.5/0.9	2.1/1.4/0.9	1/1 道
C200×70×20×2.0	5.78	6.0/7.5/9.0	1.4/0.8/0.5	1.3/0.7/0.5	1/2 道
C200×70×20×2.2	6.36	6.0/7.5/9.0	1.5/0.9/0.6	1.4/0.9/0.5	1/2 道
C200×70×20×2.5	7.23	6.0/7.5/9.0	1.7/1.1/0.7	1.6/1.0/0.6	1/2 道
C220×75×20×2.0	6.46	6.0/7.5/9.0	1.7/0.9/0.6	1.6/0.8/0.5	1/2 道
C220×75×20×2.2	7.11	6.0/7.5/9.0	1.8/1.1/0.7	1.7/1.0/0.6	1/2 道
C220×75×20×2.5	8.08	6.0/7.5/9.0	2.0/1.3/0.7	1.9/1.2/0.6	1/2 道
C250×75×20×2.0	6.58	7.5/9.0/10.5	1.1/0.7/0.5	1.1/0.7/0.5	2/1 道
C250×75×20×2.2	7.24	7.5/9.0/10.5	1.3/0.8/0.6	1.2/0.8/0.6	2/3 道
C250×75×20×2.5	8.23	7.5/9.0/10.5	1.5/1.0/0.7	1.5/1.0/0.7	2/3 道
C280×80×20×2.5	9.83	7.5/9.0/10.5	1.8/1.2/0.8	1.7/1.1/0.8	2/3 道
C280×80×20×3.0	11.79	7.5/9.0/10.5	2.3/1.5/1.1	2.2/1.5/1.0	2/3 道
C300×80×20×2.5	10.53	7.5/9.0/10.5	2.0/1.3/0.9	1.9/1.3/0.9	2/3 道
C300×80×20×3.0	12.63	7.5/9.0/10.5	2.5/1.7/1.2	2.4/1.6/1.1	2/3 道

注：恒载 0.2kN/m²，活载 0.5kN/m²，基本风压 0.30（0.35）kN/m²。

表 4.10　屋面 C 形简支檩条选用表

型号	用钢量/ （kg/m）	跨度/m	最大间距/m		拉条设置
			挠度限值 1/150（《门规》）	挠度限值 1/200（《薄钢规》）	
C100×50×15×2.0	2.59	4.0/5.0	1.0/0.6	1.0/0.6	1/1 道
C120×50×15×2.0	2.95	4.0/5.0	1.3/0.8	1.2/0.7	1/1 道
C120×50×15×2.2	3.24	4.0/5.0/6.0	1.5/0.9/0.6	1.3/0.8/0.5	1/1 道
C120×50×15×2.5	3.68	4.0/5.0/6.0	1.7/1.1/0.7	1.5/0.9/0.6	1/1 道
C140×50×15×2.0	3.60	4.0/5.0/6.0	1.6/1.1/0.6	1.5/0.9/0.6	1/1 道
C140×50×15×2.2	3.96	4.0/5.0/6.0	1.8/1.1/0.7	1.6/1.0/0.6	1/1 道
C140×50×15×2.5	4.50	4.0/5.0/6.0	2.1/1.3/0.9	1.9/1.2/0.7	1/1 道
C160×65×20×2.0	4.95	5.0/6.0/7.5	1.3/0.9/0.5	1.2/0.8/0.5	1/1 道
C160×65×20×2.2	5.45	5.0/6.0/7.5	1.5/1.0/0.6	1.4/0.9/0.5	1/2 道
C160×65×20×2.5	6.19	5.0/6.0/7.5	1.9/1.3/0.8	1.8/1.2/0.7	1/2 道
C180×70×20×2.0	5.39	5.0/6.0/7.5	1.6/1.1/0.6	1.5/1.0/0.6	1/2 道
C180×70×20×2.2	5.93	5.0/6.0/7.5	1.9/1.2/0.7	1.8/1.1/0.6	1/2 道
C180×70×20×2.5	6.74	5.0/6.0/7.5	2.1/1.4/0.9	2.0/1.3/0.8	1/2 道
C200×70×20×2.0	5.78	6.0/7.5/9.0	1.3/0.8/0.5	1.2/0.6/0.5	1/2 道
C200×70×20×2.2	6.36	6.0/7.5/9.0	1.4/0.9/0.6	1.3/0.8/0.5	1/2 道
C200×70×20×2.5	7.23	6.0/7.5/9.0	1.5/1.0/0.7	1.4/0.9/0.6	1/2 道
C220×75×20×2.0	6.46	6.0/7.5/9.0	1.4/0.9/0.6	1.3/0.8/0.5	1/2 道
C220×75×20×2.2	7.11	6.0/7.5/9.0	1.6/1.0/0.7	1.5/0.9/0.6	1/2 道
C220×75×20×2.5	8.08	6.0/7.5/9.0	1.9/1.2/0.8	1.8/1.0/0.7	1/2 道
C250×75×20×2.0	6.58	7.5/9.0/10.5	1.0/0.7/0.5	1.0/0.6/0.5	2/3 道
C250×75×20×2.2	7.24	7.5/9.0/10.5	1.2/0.8/0.6	1.1/0.7/0.6	2/3 道
C250×75×20×2.5	8.23	7.5/9.0/10.5	1.4/0.9/0.7	1.4/0.9/0.6	2/3 道
C280×80×20×2.5	9.83	7.5/9.0/10.5	1.6/1.1/0.8	1.6/1.1/0.7	2/3 道
C280×80×20×3.0	11.79	7.5/9.0/10.5	2.1/1.4/1.0	2.0/1.3/0.9	2/3 道
C300×80×20×2.5	10.53	7.5/9.0/10.5	1.9/1.2/0.8	1.8/1.2/0.8	2/3 道
C300×80×20×3.0	12.63	7.5/9.0/10.5	2.3/1.5/1.0	2.2/1.4/0.9	2/3 道

注：恒载 0.2kN/m²，活载 0.5kN/m²，基本风压 0.40（0.45）kN/m²。

表 4.11 屋面 C 形檩条支撑选用表

型号	用钢量/(kg/m)	跨度/m	最大间距/m 挠度限值 1/150（《门规》）	最大间距/m 挠度限值 1/200（《薄钢规》）	拉条设置
C100×50×15×2.0	2.59	4.0/5.0	0.9/0.6	0.9/0.5	1/1 道
C120×50×15×2.0	2.95	4.0/5.0	1.2/0.7	1.1/0.6	1/1 道
C120×50×15×2.2	3.24	4.0/5.0/6.0	1.3/0.8/0.6	1.3/0.8/0.5	1/1/1 道
C120×50×15×2.5	3.68	4.0/5.0/6.0	1.5/1.0/0.7	1.4/0.9/0.6	1/1/1 道
C140×50×15×2.0	3.60	4.0/5.0/6.0	1.6/0.9/0.6	1.4/0.9/0.6	1/1/1 道
C140×50×15×2.2	3.96	4.0/5.0/6.0	1.6/1.0/0.7	1.6/1.0/0.6	1/1/1 道
C140×50×15×2.5	4.50	4.0/5.0/6.0	1.9/1.1/0.8	1.8/1.2/0.7	1/1/1 道
C160×65×20×2.0	4.95	5.0/6.0/7.5	1.2/0.8/0.5	1.1/0.7/0.5	1/1/1 道
C160×65×20×2.2	5.45	5.0/6.0/7.5	1.4/0.9/0.6	1.3/0.8/0.5	1/2/2 道
C160×65×20×2.5	6.19	5.0/6.0/7.5	1.7/1.1/0.7	1.6/1.0/0.6	1/2/2 道
C180×70×20×2.0	5.39	5.0/6.0/7.5	1.4/1.0/0.6	1.3/0.9/0.6	1/1/2 道
C180×70×20×2.2	5.93	5.0/6.0/7.5	1.7/1.1/0.7	1.6/1.0/0.6	1/1/2 道
C180×70×20×2.5	6.74	5.0/6.0/7.5	1.9/1.3/0.8	1.8/1.2/0.7	1/1/2 道
C200×70×20×2.0	5.78	6.0/7.5/9.0	1.1/0.7/0.5	1.0/0.6/0.5	1/2/2 道
C200×70×20×2.2	6.36	6.0/7.5/9.0	1.2/0.8/0.6	1.1/0.7/0.5	1/2/3 道
C200×70×20×2.5	7.23	6.0/7.5/9.0	1.4/1.0/0.7	1.4/0.9/0.6	1/2/3 道
C220×75×20×2.0	6.46	6.0/7.5/9.0	1.3/0.8/0.6	1.2/0.7/0.5	1/2/3 道
C220×75×20×2.2	7.11	6.0/7.5/9.0	1.4/0.9/0.7	1.3/0.8/0.6	1/2/3 道
C220×75×20×2.5	8.08	6.0/7.5/9.0	1.7/1.0/0.8	1.6/0.9/0.7	1/2/3 道
C250×75×20×2.0	6.58	7.5/9.0/10.5	1.0/0.6/0.5	0.9/0.6/0.5	2/3/3 道
C250×75×20×2.2	7.24	7.5/9.0/10.5	1.1/0.7/0.6	1.0/0.7/0.6	2/3/3 道
C250×75×20×2.5	8.23	7.5/9.0/10.5	1.2/0.8/0.7	1.1/0.8/0.6	2/3/3 道
C280×80×20×2.5	9.83	7.5/9.0/10.5	1.5/1.0/0.8	1.4/0.9/0.7	2/3/3 道
C280×80×20×3.0	11.79	7.5/9.0/10.5	2.0/1.2/1.0	1.9/1.1/0.9	2/3/3 道
C300×80×20×2.5	10.53	7.5/9.0/10.5	1.8/1.1/0.7	1.7/1.0/0.7	2/3/3 道
C300×80×20×3.0	12.63	7.5/9.0/10.5	2.1/1.4/0.9	2.0/1.3/0.8	2/3/3 道

注：恒载 0.2kN/m²，活载 0.5kN/m²，基本风压 0.50（0.55） kN/m²。

表 4.12　不同截面形状杆件的比较

截面形状	规格	截面面积/cm²	i_x/cm	i_y/cm	重量/(kg/m)
焊接 H 形	H400 × 400 × 11 × 18	184.04	17.60	10.22	147.0
箱形截面	□400 × 14	186.24	15.85	15.85	146.2
空心圆管	○400 × 15	181.43	13.62	13.62	143.2
焊接十字形	十400 × 200 × 12 × 12	184.80	11.63	11.63	145.2

（2）钢结构构件的防火设计原则　防火设计原则是指在设计所采用的防火措施的条件下，能保证构件在所规定的耐火极限时间内，其承载力仍不小于各种作用和组合效应。建筑物等级所要求承重构件设计耐火极限见表 4.13 所列。钢结构构件的设计耐火极限能否达到要求，是关系到建筑结构安全的重要指标。

表 4.13　构件的设计耐火极限　　　（单位：h）

构件类型	建筑耐火等级					
	一级	二级	三级		四级	
柱、柱间支撑	3.00	2.50	2.00		0.50	
楼面梁、楼面桁架、楼盖支撑	2.00	1.50	1.00		0.50	
楼板	1.50	1.00	厂房、仓库	民用建筑	厂房、仓库	民用建筑
			0.75	0.50	0.50	不要求
屋顶承重构件、屋盖支撑、系杆	1.50	1.00	厂房、仓库	民用建筑	不要求	
			0.50	不要求		
上人平屋面板	1.50	1.00	不要求		不要求	
疏散楼梯	1.50	1.00	厂房、仓库	民用建筑	不要求	
			0.75	0.50		

2. 钢结构防火涂料分类（图 4.4）

钢结构防火涂料按防火机理分为：

1）膨胀型钢结构防火涂料（也称薄涂型防火涂料）是指涂层在高温时膨胀发泡，形成耐火隔热保护层的钢结构防火涂料。涂层厚度一般不大于 7mm，耐火极限可达到 1.50h。

2）非膨胀型钢结构防火涂料（也称厚涂型防火涂料）是指涂层在高温时不膨胀发泡，其自身成为耐火隔热保护层的钢结构防火涂料。涂层厚度通常为15~50mm，耐火极限可达到3.00h。

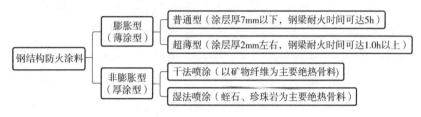

图4.4 钢结构防火涂料分类

3. 钢结构防火涂料选用原则

1）设计耐火极限大于1.50h的构件和全钢结构建筑，宜选用非膨胀型钢结构防火涂料或环氧类膨胀型钢结构防火涂料；设计耐火极限大于2.00h的构件（钢管混凝土柱除外），应选用非膨胀型钢结构防火涂料或环氧类膨胀型钢结构防火涂料。

2）设计耐火极限大于2.00h的钢管混凝土柱，既可选用膨胀型钢结构防火涂料，也可选用非膨胀型钢结构防火涂料。由于钢管混凝土柱自身的耐火极限较高，采用非环氧类膨胀型防钢结构火涂料涂层作为防火保护措施的钢管混凝土柱能够达到2h以上的耐火极限。因此，膨胀型钢结构防火涂料及非膨胀性钢结构防火涂料均可选用。

3）室内隐蔽钢结构，宜选用非膨胀型防火涂料或环氧类钢结构防火涂料；室外或露天工程的钢结构应选用室外钢结构防火涂料。

4）海洋工程及石化工程钢结构建筑，应选用室外非膨胀型钢结构防火涂料或室外环氧类膨胀型钢结构防火涂料。

5）膨胀型钢结构防火涂料的涂层厚度不应小于1.5mm，非膨胀型钢结构防火涂料的涂层厚度不应小于15mm。

6）无保护层的钢梁、钢柱、钢楼板和钢屋架，其耐火极限按0.25h确定。

4. 有保护层的钢梁和柱的耐火极限

有保护层的钢梁和柱的耐火极限见表4.14所列。

表 4.14 钢构件的耐火极限

构件名称	防火涂料	厚度/mm				耐火极限/h
钢柱	薄涂型	5.5				1.00
		7.0				1.50
	厚涂型	15				1.00
		20				1.50
		30				2.00
		40				2.50
		50				3.00
钢梁	LG 防火涂料	15				1.50
	LY 防火涂料	20				2.30
钢管混凝土圆柱($\lambda \leqslant 60$)。$D_1 = 200mm$;$D_2 = 600mm$;$D_3 = 1000mm$;$D_4 \geqslant 1400mm$。D 为圆柱直径	厚涂型	D_1	D_2	D_3	D_4	
		8	7	6	5	1.00
		10	9	8	7	1.50
		14	12	10	9	2.00
		16	14	12	10	2.50
		20	16	14	12	3.00
钢管混凝土方柱、矩形柱($\lambda \leqslant 60$)。$B_1 = 200mm$;$B_2 = 600mm$;$B_3 = 1000mm$;$B_4 = 1400mm$。B 为截面短边边长	厚涂型	B_1	B_2	B_3	B_4	
		8	6	5	4	1.00
		10	8	6	5	1.50
		14	10	8	6	2.00
		18	12	10	8	2.50
		25	15	12	10	3.00

5. 钢结构抗火设计的方法

进行钢结构抗火设计时,一般可采用如下两种方法:

(1)抗火临界温度验算方法 该方法通过验算构件的临界温度进行结构抗火设计,步骤如下(图 4.5):

1)计算构件的荷载效应组合。

2)根据构件和荷载的类型及构件的内力比,确定构件临界温度 T_d。

3)计算受火构件在规定耐火极限要求时刻的内部温度 T_m,检验是

否满足 $T_d \geqslant T_m$ 要求。

临界温度法：$T_d \geqslant T_m$

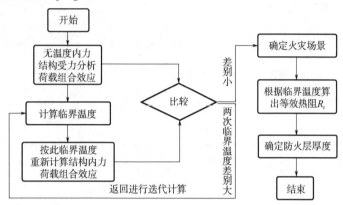

图 4.5　抗火临界温度验算流程

（2）抗火承载力验算方法　该方法通过验算结构构件的抗火极限承载力进行结构抗火设计，步骤如下（图 4.6）：

承载力法：$R_d \geqslant S_m$

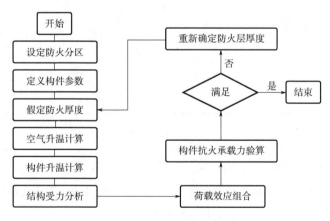

图 4.6　抗火承载力验算流程

1）确定构件的耐火极限要求。

2）选定防火保护材料，并设定一定的防火被覆厚度。

3）计算受火构件在规定耐火极限要求时刻的内部温度。

4）采用高温下结构钢的材料参数，计算结构构件在外荷载和温度作用下的内力。

5）计算构件的组合荷载效应。

6）根据构件和受载的类型，进行构件耐火承载力极限状态验算，检验是否满足 $R_d \geq S_m$ 要求。

7）当设定的防火保护层厚度不合适时，可调整其厚度，重复上述2）~6）步骤。

进行钢结构抗火设计，采用抗火临界温度验算法较简单与实用，但结果较粗略，有些特殊情况不适用；而抗火承载力验算法较准确与通用，但计算复杂，计算量大。

6. 不同软件计算分析实例

目前，常用钢结构防火设计国产软件主要有 PKPM、盈建科 YJK、3D3S 等。PKPM 对钢框架和门式刚架采用了临界温度法进行验算，对网架结构采用临界温度法和承载力法进行验算，盈建科 YJK 采用的是构件承载力耐火验算法，而 3D3S 同时采用了临界温度法和承载力法进行耐火验算。

（1）PKPM 软件计算实例　某丙类生产车间，耐火等级二级，采用局部带夹层的门式刚架结构，防火说明如图 4.7 所示；门式刚架防火设计参数输入界面如图 4.8 所示；刚架构件抗火信息如图 4.9 所示；车间刚架构件防火设计验算如图 4.10 所示。计算结果中给出了柱所需的保护层厚度。

图 4.7　某丙类生产车间防火说明

结构设计——从概念到细节

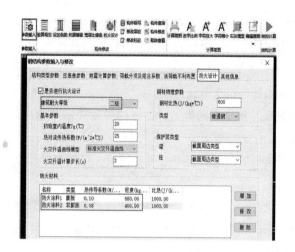

图 4.8　刚架防火设计参数

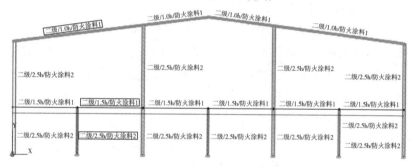

图 4.9　刚架构件抗火信息

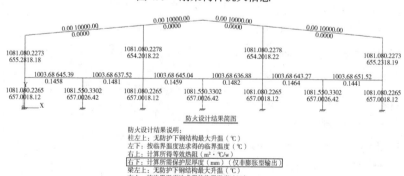

防火设计结果说明：
柱左上：无防护下钢结构最大升温（℃）
左下：按临界温度法求得的临界温度（℃）
右上：计算所得等效热阻（m²·℃/w）
右下：计算所需保护层厚度（mm）（仅非膨胀型输出）
梁左上：无防护下钢结构最大升温（℃）
右上：按临界温度法求得的临界温度（℃）
左下：计算所得等效热阻（m²·℃/w）
右下：计算所需保护层厚度（mm）（仅非膨胀型输出）

图 4.10　刚架构件防火验算结果

（2）盈建科 YJK 软件计算实例　某生产车间，防火设计参数同范例一，门式刚架防火设计参数输入界面如图 4.11 所示；刚架构件抗火信息如图 4.12 所示；刚架梁、柱防火验算应力比和防火参数如图 4.13 和图 4.14 所示。

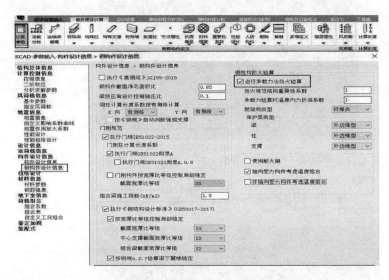

图 4.11　刚架防火设计信息

图 4.12　刚架梁、柱抗火信息

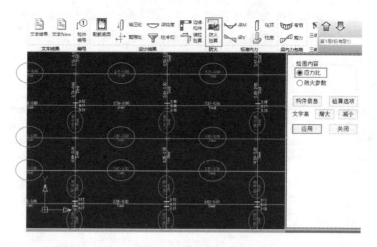

图 4.13　刚架梁、柱防火验算应力比（红色，即图中圆圈处表示不满足）

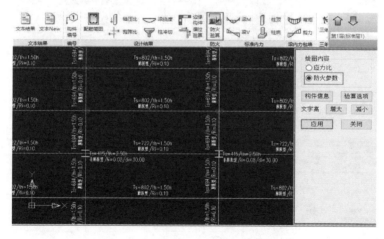

图 4.14　刚架梁、柱防火验算防火参数

（3）3D3S 软件计算实例　某文博馆网壳结构，耐火等级一级，杆件采用膨胀型防火涂料，耐火极限 1.5h，网壳防火设计参数输入界面如图 4.15 所示；设计参数输入菜单如图 4.16 所示；网壳防火设计输入界面如图 4.17 所示；网壳防火设计验算方法见图 4.18；网壳防火计算结果见图 4.19 和图 4.20。

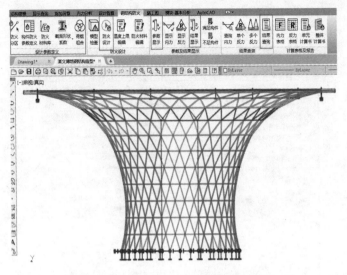

图 4.15 网壳防火设计参数输入界面

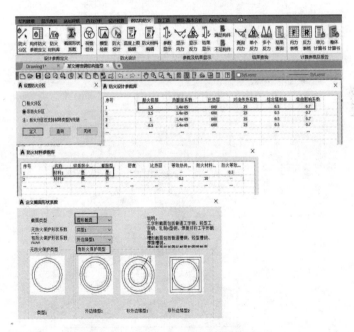

图 4.16 网壳防火设计参数输入菜单

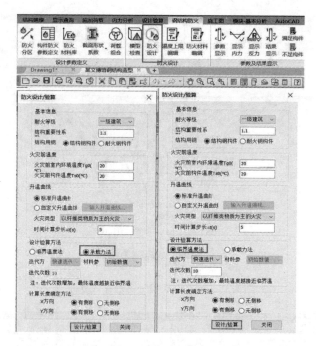

图 4.17　网壳防火设计输入界面

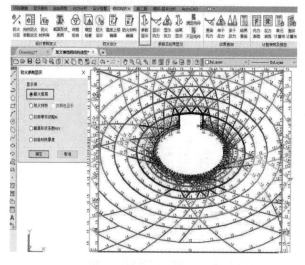

图 4.18　网壳防火设计验算方法

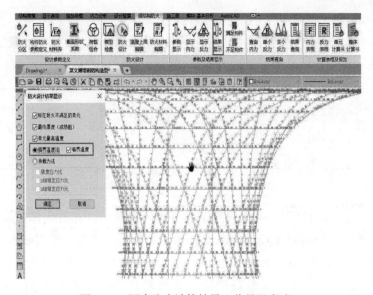

图 4.19　网壳防火计算结果（临界温度法）

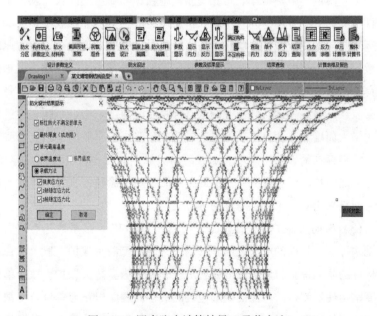

图 4.20　网壳防火计算结果（承载力法）

7. 耐火验算中几个重要概念辨析

（1）钢材耐火计算参数　高温下钢材的物理参数应按表4.15确定。

表 4.15　高温下钢材的物理参数

参数	符号	数值	单位
热膨胀系数	α_s	1.4×10^{-5}	m/(m·℃)
热导率	λ_s	45	W/(m·℃)
比热容	c_s	600	J/(kg·℃)
密度	ρ_s	7850	kg/m³

（2）等效热阻和等效热导率　等效热导率(λ_i)=防火保护层厚度(d_i)/等效热阻(R_i)。非膨胀型防火涂料在火灾下受火温度范围大，其热导率随温度有较大的变化，但从工程应用角度，热导率采用常数可极大地简化计算。试验与理论计算的对比表明，采用540℃（约1000℉）时的等效热导率，可相当精确地模拟非膨胀型防火涂料保护钢构件在火灾下的升温，并且不同保护层厚度下测得的非膨胀型防火涂料的等效热导率变化很小。膨胀型防火涂料受火膨胀，形成比原涂层厚度大数倍到数十倍的多孔膨胀层，该膨胀层的热导率小，隔热防火保护性能良好。火灾下膨胀层厚度主要取决于涂料自身的特性、涂层的厚度，受膨胀层自身致密性、强度等的限制，膨胀层厚度不会一直随着涂层厚度的增大而增大，而且涂层太厚容易造成膨胀层过早脱落，因此膨胀型防火涂料存在最大使用厚度。膨胀型防火涂料涂层厚度和膨胀层厚度、热导率之间均为非线性关系。因此，膨胀型防火涂料不宜采用等效热导率，而是采用对应于涂层厚度的等效热阻。

（3）有防火保护钢构件截面形状系数(F_i/V)　该系数是有防火保护钢构件单位长度的受火表面积（对于外边缘型防火保护，取单位长度钢构件的防火保护材料内表面积；对于非外边缘型防火保护，取沿单位长度钢构件所测得的可能的矩形包装的最小内表面积）与单位长度钢构件的体积的比值。相同防火涂层厚度下，构件形状系数越大，升温越快（耐火时间越短）。

（4）受力与耐火极限的关系　相同防火涂层厚度、相同截面的构件，构件受力越大，耐火极限越短。

（5）涂料厚薄与耐火极限的关系　对于厚型涂料，设计需提出耐火极限，以及涂料厚度和等效热传导系数两项指标。对于薄型涂料，设计仅提出耐火极限和等效热阻即可。

（6）计算中对等效热阻的取用　对同一种耐火极限的构件，假定等效热阻后，首先计算各构件的形状系数和临界温度。考虑构件内力，软件按临界温度法和承载力法计算，如果计算结果中显示不足构件（构件形状系数大且受力较大的构件）。则需提高等效热阻后再次计算，直至最不利构件满足为止。

4.10　概念设计在钢结构工程中的应用实例

1. 振动荷载作用下的钢平台结构布置

振动荷载作用下的钢平台构造与静荷载作用下的钢平台构造相比，构件截面主要是由振动位移幅值来确定的，而减小构件振动位移的方法有以下几种：

（1）合理地选择构件的刚度　在静荷载作用下的构件，构件刚度选用得越大，构件的承载能力也就越强。可是在振动荷载作用下的构件却不一定都是如此，而是要根据不同情况，分别予以增大或减弱构件的刚度。

1）当机器的转数 n 与构件的固有振动频率 f_1 相近时，应通过缩短构件的跨度或增大构件横截面尺寸来增大构件的刚度，致使机器的转数 n 落到第一频率区内，此时只要稍微增大构件的刚度，就能显著地减小构件的振动位移幅值；与此同时还要使动力系数 β 减小。

2）当机器的转数 n 与构件的固有振动频率 f_2 相近时，应通过增大构件的跨度或减小构件的横截面尺寸来减弱构件的刚度，使机器的转数 n 落到第三频率区内，并使动力系数 β 减小（构件的刚度减弱后，仍必须满足承载能力的要求）。

（2）合理布置机器在平台上的位置

1）下列两种布置方法可以减小垂直振幅：①把属于上下往复式运动的机器布置于平台的支柱附近；②把属于水平往复运动的机器布置于梁的跨中，并使其惯性力沿着平行于梁的方向作用。

2）下列两种布置方法可以减小水平振幅：①把属于水平往复式运动和绕水平轴旋转式运动的机器全部或大部分所产生的水平惯性力，布置在垂直平台总刚度较强的方向上。②对于水平往复式运动机器和旋转式机器，尽可能使它们的重心与平台的重心重合。

（3）钢平台构造措施

1）平台梁、柱等构件材料应尽可能选用整根的型钢，对组合构件，应避免采用端面焊接。

2）平台在满足工艺要求的前提下不宜过高，平面布置要紧凑，尽可能减小平台平面尺寸。

3）将平台上人员操作区域与放置机器设备的钢架分隔开来。

4）在机器下面安装隔振橡胶装置，这种方法对于转速大于 500r/min 的机器最为适宜。

2. 某钢框架设备平台振动原因分析

（1）情况简介　某化工厂设备平台，钢结构平面与剖面如图 4.21 和图 4.22 所示，钢材为 Q355。该结构于 9m 标高平台上布置两台搅拌器。钢框架的主要功能是支撑该设备及其管道，并作为设备的操作平台。搅拌器总重 150t 左右，直径 2.5m，高 13.5m。该装置开车投产后，整个结构出现剧烈振动，直接影响正常生产操作。该钢框架梁柱截面均采用焊接 H 型钢，主框架 X 方向跨度为 6m+6m，弱轴 Y 方向跨度为 6m+3m。该结构上有两个振动源，搅拌器的工作转速为 $n=100$r/min。将钢框架简化成平面模型，利用 PKPM 结构分析软件建模计算出结构的自振周期 T（Y 向）$=0.573$s，从而得出其自振频率为 $f_1=1/T=1.75$Hz，换算成工程频率 $f=1.75\times60=105$（次/min），刚好与搅拌器的频率非常接近。由此可以得出初步结论，钢框架的振动是由于搅拌器的共振引起的。

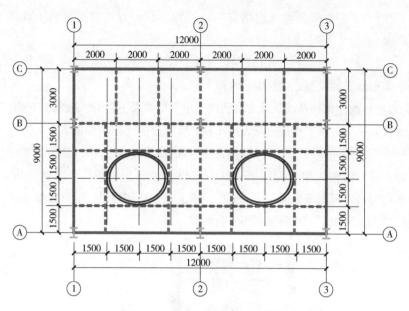

图 4.21 某化工厂钢平台平面图

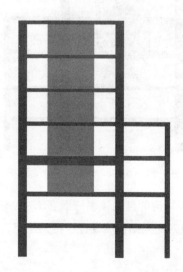

图 4.22 钢平台立面图

（2）解决措施 避免共振的措施有以下几种：

1）在钢框架强轴方向增加一道柱间支撑，方法简单易行，效果明显。

2）设置隔振器，通过减振装置减少设备对其支承结构传振，该方法需重新安装设备，调整工艺管道布置。

3）改变梁柱截面，此方法比较简单，但效果不显著。从施工方便、改变频率效果和工程造价三方面比较，增加柱间支撑是最优方案，因此在钢框架强轴方向增加一片柱间支撑（图4.23），并重新计算了增加柱间支撑后的钢框架自振频率，得 $f = 180$ 次/min $> 1.25n = 125$ 次/min，结构的自振频率完全避开了共振区。按上述方案加固后，该框架振动现象消失，消除了工程隐患和不安全因素。

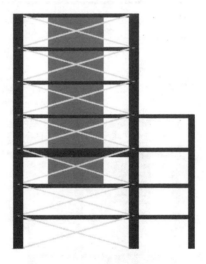

图4.23　加柱间支撑钢平台立面图

（3）结论　框架结构的自振频率一般在 $1 \sim 2.5\mathrm{Hz}$ 之间，容易与低频设备产生共振，故对此类结构的设计应特别注意，必要时可采取隔振措施防止发生共振。

3. 钢结构稳定破坏分析

在各类钢结构设计中，保持稳定性是钢结构最突出的问题。小至构件中的一块板件，大至构件集合成的结构体系，设计时无不涉及稳定性的考虑，这是钢结构设计中的一个显著特点。其原因在于钢材的强度高，用它制成的构件往往比较细长，组成构件的板件又比较薄，因此在压力作用下就有可能失稳。长期以来，在许多结构设计人员的头脑里，强度的概念清晰，稳定的概念淡薄，并且存在重强度轻稳定的错误思想。这与一些结构工程师平时做钢筋混凝土项目较多，而接触钢结构项目较少，把混凝土结构设计的一些理念直接用于钢结构有关。因此，在大量的接连不断的钢结构失稳事故中付出了血的代价，得到了严重的教训。钢结构的失稳事故分为整体失稳事故和局部失稳事故两大类，各自产生的原因如下：

（1）整体失稳事故原因分析

1）设计错误。设计错误主要与设计人员的水平有关，如缺乏稳定概念，稳定验算公式错误，只验算基本构件稳定而忽视了整体结构的稳定验算，计算简图及支座约束与实际受力不符，设计安全储备过小等。

2）制作缺陷。制作缺陷通常包括构件的初弯曲、初偏心、热轧冷加工以及焊接产生的残余变形。各种缺陷将对钢结构的稳定承载力产生显著影响。

3）临时支撑不足。钢结构在安装过程中，当尚未完全形成整体结构之前，属几何可变体系，构件的稳定性很差。因此必须设置足够的临时支撑体系来维持安装过程中的整体稳定性。若临时支撑设置不合理或者数量不足，轻则会使部分构件丧失稳定，重则造成整个结构在施工过程中倒塌或倾覆。

4）使用不当。结构竣工投入使用后，使用不当或意外因素也是导致失稳事故的主因。例如：使用方随意改造使用功能，改变构件受力，由积灰或增加悬吊设备引起的超载，基础的不均匀沉降和温度应力引起的附加变形，意外的冲击荷载等都可能导致结构失稳破坏。

（2）局部失稳事故原因分析　局部失稳主要针对构件而言，失稳的后果虽然没有整体失稳严重，但对以下原因也应引起足够重视。

1）设计错误。设计人员忽视甚至不进行构件的局部稳定验算，或者验算方法错误，致使组成构件的各类板件宽厚比和高厚比大于规范限值。

2）构造不当。通常在构件局部受集中力较大的部位，原则上应设置构造加劲肋。另外，为了保证构件在运转过程中不变形也须设置横隔、加劲肋等，但实际工程中，加劲肋数量不足、构造不当的现象仍比较普遍。

3）原始缺陷。原始缺陷包括钢材的负公差严重超规，以及制作过程中焊接等工艺产生的局部鼓曲和波浪形变形等。

4）吊点位置不合理。在吊装过程中，尤其是大型的钢结构构件，吊点位置的选定十分重要，由于吊点位置不同，构件受力状态不同。有时构件内部过大的压应力将会导致构件在吊装过程中局部失稳。因此，在钢结构设计中，针对重要构件应在图纸中说明起吊方法和吊点位置。

（3）失稳事故的处理与防范

1）设计人员应强化稳定设计理念。对待钢结构中失稳的可能性，通常是加强构造措施，使结构和构件不致因失稳而丧失承载能力。少数情况下，则可以考虑允许组成构件的板件屈曲，利用其屈曲后的强度，以获取较佳的经济效益。结构的整体布置必须考虑整个体系及其组成部分的稳定性要求，尤其是支撑体系的布置。结构稳定计算方法的前提假定必须符合实际受力情况，尤其是支座约束的影响。构件的稳定计算与细部构造的稳定计算必须配合，尤其要有强节点的概念。强度问题通常采用一阶分析，而稳定问题原则上应采用二阶分析。

2）加工制作单位应力求减少缺陷。在常见的众多缺陷中，初弯曲、初偏心、残余应力对稳定承载力影响最大。因此，制作单位应通过合理的工艺和质量控制措施将缺陷减低到最小程度。

3）施工单位应确保安装过程中的安全。施工单位只有制定科学的安装顺序，采用合理的吊装方案，精心布置临时支撑，才能防止钢结构安装过程中失稳，确保结构安全。

4）使用单位应正常使用钢结构建筑 一方面，使用单位要注意对已建钢结构的定期检查和维护；另一方面，当需要进行工艺流程和使用功能改造时，必须与设计单位或有关专业人士协商，不得擅自增加负荷或改变构件受力。

4. 钢结构稳定破坏实例

江西某果品车间[51]，为跨度34m的三连跨轻型门式刚架结构，建筑长度192m，宽度102m，柱距8m，檐口高度12m，总建筑面积19584m²。其中梁、柱和屋面檩条钢材采用Q355B，基础锚栓钢材采用Q235，隅撑钢材采用Q235A，柱间支撑、屋面水平支撑钢材采用Q235B。刚架连接采用10.9级高强螺栓，檩条与檩托、檩条与隅撑、隅撑与钢梁等次要连接采用普通螺栓。该项目于2020年10月10日开工建设，2020年12月30日果品车间钢结构安装过程中突然发生倒塌事故，如图4.24和图4.25所示。

图4.24　倾斜的钢柱　　　　图4.25　弯曲变形的钢柱

（1）本项目的设计问题　未在设计文件中注明钢结构安装工程是危大工程。对钢结构安装顺序这一危大工程的重点环节，没有严格按照《门规》GB 51022—2015第14.2.6条等条款，提出防范安全事故的指导意见；设计文件中关于钢结构安装顺序的说明，逻辑混乱、含义不清。

（2）本工程坍塌的直接原因

1）刚架安装顺序错误。钢结构安装人员违反《门规》第14.2.6条"主构件的安装应符合下列规定：安装顺序宜先从靠近山墙的有柱间支撑的两端刚架开始。在刚架安装完毕后应将其间的檩条、支撑、隅撑等全部装好，并检查其垂直度。以这两榀刚架为起点，向房屋另一端顺序安装"，以及第14.2.5条"门式刚架轻型房屋钢结构在安装过程中，应根据设计和施工工况要求，采取措施保证结构整体稳固性"的规定，在钢柱已安装完成96.8%、钢梁完成86.6%的情况下，所有的柱间支撑、屋面水平支撑均未安装，导致钢结构未形成整体受力体系。

2）柱底螺栓不符合规范要求。预埋地脚螺栓设计直径为M27、长度为800mm，检验结果直径为M25、长度为600mm，不满足设计要求。事故现场所有柱底螺栓二次浇筑的预留空间尺寸均超过100mm，个别达170mm（图4.26），不符合《门规》第14.2.4条"柱基础二次浇筑的预留空间，当柱脚铰接时不宜大于50mm"之规定，且柱底未采取有效的加强措施，加大了外露螺栓长细比，导致预埋地脚螺栓承载能力降低。

3）不利气象条件影响。事故发生时风速达12.8m/s，而刚架迎风面与风向基本一致，在大风的持续作用下，柱底预埋螺栓破坏（图4.27），导致刚架整体失稳倒塌。

图4.26　柱脚预埋螺栓二次浇筑预留空间

图4.27　柱脚预埋螺栓产生颈缩和压弯

（3）模拟计算分析　依据报告[51]，取计算参数如下：跨度 $L = 34\text{m}$，柱距 8.0m，檐口高 $H = 12.0\text{m}$，坡度 1:10，B 类场地，当地风压 0.3kN/m^2，基本雪压 0.4kN/m^2（按照 100 年重现期），事故发生时风速 12.8m/s（6 级风力），体型系数取 0.75（图 4.28）。厂房原设计柱脚锚栓为 4 个 M27，柱脚连接为铰接。

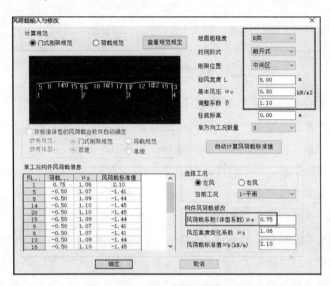

图 4.28　刚架风荷载计算参数

结构倒塌是一个动态变化的过程，结构受力情况时刻发生变化。刚架未受外力作用下，其柱脚的位移均受约束，因此在风荷载作用的瞬间假定柱脚为刚接，柱底弯矩使柱脚锚栓一侧受拉，另一侧受压。假定不考虑柱脚锚栓缺陷，当地脚螺栓正常工作时，取柱脚最不利一组内力 $N = 24.65\text{kN}$，$M = 108.9\text{kN} \cdot \text{m}$，$V = 32.40\text{kN}$（图 4.29），以一个柱脚四个 M27 锚栓计算，锚栓所受的最大拉力 $N_t = 224.81\text{kN} > 2N_{tk} = 2 \times 64.3 = 128.6\text{kN}$。由计算可知：在风荷载作用的瞬间，锚栓实际受力已超过其本身的承载能力。实际情况，柱脚与基础的连接近似铰接，加之基础顶面与钢柱底板之间的预留空间较大，使锚栓的刚度约束进一步削弱。因此，纵向风压作用时，锚栓不会立即发生破坏，但会表现为钢柱以柱脚为轴发生转动。为防止出现此种状况，可设置临时风缆绳，使风荷载由风缆绳承担，可保证结构安全。

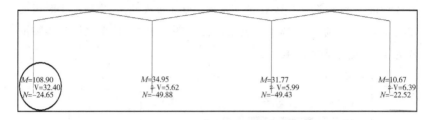

图4.29 刚架在风荷载作用下支座反力

5. 钢结构工程脆性断裂破坏

脆性断裂是指钢材或钢结构在低名义应力（低于钢材屈服强度或抗拉强度）情况下发生的突然断裂破坏。脆性破坏是钢结构极限状态中最危险的破坏形式。由于脆性断裂的突发性，往往会导致灾难性后果。因此，作为钢结构专业技术人员，应该高度重视脆性破坏的严重性，并加以防范。虽然钢结构的塑性很好，但仍然会发生脆性断裂，这是由于各种不利因素的综合影响或作用的结果。主要原因可归纳为以下几方面：钢板厚度、应力状态、工作温度以及加荷速率等主要因素。其中应力集中的影响尤为重要。在此值得一提的是，应力集中一般不影响钢结构的静力极限承载力。在设计时通常不考虑其影响。但在动载作用下，严重的应力集中加上材质缺陷、残余应力、冷却硬化、低温环境等往往是导致脆性断裂的根本原因。钢结构设计是以钢材的屈服强度作为静力强度的设计依据，它避免不了结构的脆性断裂。随着现代钢结构的发展以及高强钢材的大量使用，防止其脆性断裂已变得十分重要。笔者认为可以从以下几方面入手：

（1）合理选择钢材　钢材选用的原则是既保证结构安全可靠，同时又要经济合理、节约钢材。具体而言，应考虑到结构的重要性、荷载特征、连接方法以及工作环境，尤其是在低温下承受动载的重要的焊接结构，应选择韧性高的材料和焊条。另外改进冶炼方法，提高钢材断裂韧性，也是减少脆断的有效途径。

（2）合理设计　合理的设计应该在考虑材料的断裂韧性水平、最低工作温度、荷载特征、应力集中等因素后再选择合理的结构形式，尤其是合理的构造措施十分重要。另外，脆性断裂最严重的后果是造成结构倒塌，为了防止出现这种情况，在设计时应注意使荷载能多路径传递。例如采用超静定结构，一旦个别构件断裂，结构仍维持几何稳定时，荷载能通过其他路径传递，保证结构不致倒塌。接头或节点的承载力设计应比其相连的杆件强，构件截面在满足强度和稳定的前提下应尽量宽而薄。需特别提醒设计人员注意，增加构件厚度将增加脆性断裂的概率，特别是设计焊接结构应避免重叠交叉和焊缝集中。

（3）合理制作和安装　就钢结构制作而言，冷热加工易使钢材硬化变脆。焊接尤其易产生裂纹缺陷以及焊接残余应力。就安装而言，不合理的工艺容易造成装配残余应力及其他缺陷。因此制定合理的制作安装工艺并以减少缺陷及残余应力为目标是十分重要的。

6. 钢结构工程脆性断裂破坏实例

1995 年 7 月日本发生阪神大地震，导致了很多钢结构都遭到破坏（图 4.30 ~ 图 4.33）。随后的研究报告[52]表明，钢结构建筑在这次地震中的破坏特点有：①梁柱节点的破坏；②柱的脆性破坏；③结构支撑的破坏；④柱脚的破坏。

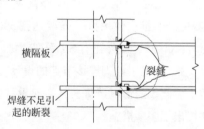

图 4.30　梁柱节点的破坏

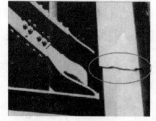

图 4.31　钢柱脆性断裂破坏

图 4.32　结构支撑失稳破坏　　　　图 4.33　柱脚锚栓剪断

阪神大地震后，日本吸取了这次破坏的教训，修订了建筑法规，采取了各项加强措施：

1）在连接方面，对连接构造的计算、焊接作业的改进和确保焊接质量提出了对焊缝冲击韧性的要求，为防止梁端连接脆性破坏，采取了梁端扩大的连接构造等。

2）对结构钢材，要求提高制品质量，现在广泛采用控轧钢材（TMCP）、推广使用抗拉强度达到590N/mm²的高强钢材和低屈服点钢材（SA440），此外还有 SN 系列钢材。

3）加强了柱脚连接节点的设计。这次地震，外露式柱脚的破坏导致房屋倒塌的情况严重，日本建设省发布了专门针对柱脚设计的要求，并提出了多项措施。

阪神大地震中钢结构房屋大量倒塌，从另一方来说，也加速推动了日本钢结构技术在各方面的快速发展。在设计概念上过去有漏洞，那就是建筑基准法除了保护人的生命和住户的需求外，还需要保护财产。对房屋性能指标提出了更高的要求，它反过来又推动了加速采用新技术，如各种减、隔震装置的应用在日本已经相当普及。

第5章 建筑抗震概念设计

建筑抗震设防是以现有的科学水平和经济条件为前提，尽可能减轻地震的灾害。从某种意义上说，建筑的抗震设计仍然是一门"艺术"，很大程度上依赖于设计人员的抗震设计理念。因此，抗震计算和抗震措施是不可分割的两个组成部分，而且"概念设计"要比"计算设计"更为重要。

5.1 结构抗震概念设计

所谓"概念设计"，是指根据地震灾害和工程经验等所形成的基本设计原则和设计思想，进行建筑和结构总体布置并确定细部构造的过程。结构抗震概念设计对结构的抗震性能将起决定性作用。结构工程师在结构设计中应特别重视有关结构概念设计的各条规定，设计中不能陷入只凭计算的误区。若结构严重不规则、整体性差，则仅按目前的结构设计计算水平，难以保证结构的抗震性能。结构抗震概念设计的目标是使整体发挥耗散地震能量的作用，避免结构出现敏感的薄弱部位，导致结构过早破坏。

1. 结构的简单性

结构简单是指结构在地震作用下具有直接和明确的传力途径。结构的计算模型、内力和位移分析以及限制薄弱部位出现都易于把握，对结构抗震性能的估计也比较可靠。

2. 结构的规则和均匀性

1）沿建筑物竖向，建筑造型和结构布置应尽可能均匀，避免刚度、承载能力和传力途径的突变，以限制结构在竖向某一楼层或极少数几个楼层出现敏感的薄弱部位。否则，这些部位将产生过大的应力集中或过大的变形，容易导致结构过早地倒塌。

2）建筑平面比较规则，平面内结构布置比较均匀，使建筑物分布质量产生的地震惯性力能以比较短和直接的途径传递，并使质量分布与结构刚度分布协调，限制质量与刚度之间的偏心。建筑平面规则、结构布置均匀，有利于防止薄弱的子结构过早破坏、倒塌，使地震作用能在各子结构之间重新分布，增加结构的冗余度数量，可以有效发挥整个结构耗散地震能量的作用。

3. 结构的刚度和抗震能力

1）水平地震作用是双向的，结构布置应使结构能抵抗任意方向的地震作用。通常，可使结构沿平面上两个主轴方向具有足够的刚度和抗震能力。结构的抗震能力则是结构承载力及延性的综合反映。

2）结构刚度选择时，虽可考虑场地特征，选择结构刚度，以减少地震作用效应，但也要注意控制结构变形的增大，过大的变形将会因 $P—\Delta$ 效应过大而导致结构破坏。

3）结构除需要满足水平方向的刚度和抗震能力外，还应注意在概念设计中提高结构的抗扭刚度和抵抗扭转振动的能力。

4. 结构的整体性

1）高层建筑结构中，楼盖对于结构的整体性起到非常重要的作用。楼盖体系最重要的作用是提供足够的平面内刚度和抗力，并与竖向各子结构有效连接，当结构空旷、平面狭长或平面凹凸不规则或楼盖开大洞口时，更应特别注意。结构计算中不能误认为，在多遇地震作用计算中考虑了楼板平面内弹性变形影响后，就可削弱楼盖体系。

2）高层建筑基础的整体性以及基础与上部结构的可靠连接是结构整体性的重要保证。

5.2 抗震设计基本原则

为了使建筑具有足够的抗震能力，达到"小震不坏、中震可修、大震不倒"的抗震设防三个水准目标，结构设计应考虑以下的抗震设计基本原则。

1. 选择对抗震有利的地段

地震造成建筑的破坏，除地震动直接引起结构破坏外，还有场地条件的原因。在建筑工程项目的总体布局上，按概念设计的要求选择有利于抗震的场地，是减轻场地引起的地震灾害的第一道工序。抗震设防的建筑工程应避开不利的地段并不在危险的地段建设，严禁在危险地段建造甲、乙类建筑和住宅。为此，需要注意区分不利地段和危险地段。

2. 合理选择结构体系

对于钢筋混凝土结构，一般来说纯框架结构抗震能力较差，框架-剪力墙结构性能较好；剪力墙结构和筒体结构具有良好的空间整体性，刚度也较大，历次地震中震害都较小。

3. 规则的形体与布置

合理的建筑形体和布置在抗震设计中是头等重要的。其中，规则性是一个重要的概念，需要建筑师和结构工程师互相配合，才能设计出抗震性能良好的建筑。"规则"包含了对建筑的平、立面外形尺寸，抗侧力构件布置、质量分布，直至承载力分布等诸多因素的综合要求，即在平立面、竖向剖面或抗侧力体系上，没有明显的、实质的不连续。由于实际工程中引起建筑不规则的因素很多，特别是复杂的建筑形体，很难用若干简化的定量指标来划分不规则程度并规定限制范围（图 5.1 ～图 5.4）[53]。《高规》在第 3.4.3 条提供了平面和竖向不规则的一些概念性的参考界限但也不是严格的数值界限。

图 5.1　不规则平面和立面的建筑型态

外柱不贯通
 剪力墙开口
 内柱不贯通
 梁不贯通
 楼板开口

图 5.2   抵抗侧向力的结构布置不当

 剪力墙不贯通
 竖向结构不贯通
 柱断面收缩过大
 质量与刚度比显著改变

图 5.3   侧向刚度变化的建筑

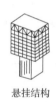 悬挂结构
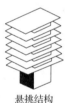 悬挑结构
 层间交错桁架
 斜坡建筑

图 5.4   不常用的建筑型态

4. 刚度概念贯穿始终

结构设计不仅要重视结构外部荷载作用，而且要掌握好结构内部的刚度。前者所涉及的力的平衡、结构或构件变形的协调以及由此而产生的构件内力都是通过后者所包含的绝对刚度、线刚度及相连构件之间的相对刚度来体现的。结构设计的好坏关键在于结构的整体刚度和构件的相对刚度控制得是否恰当合理。事实上，结构设计人员在结构设计过程中所进行的结构布置和构件截面的调整，都是在寻求一种合理的结构刚度，而结构设计的基本概念以及结构设计规范的原始精神都是围绕着刚度这一基本原理来展开的。

5. 抗震结构多道设防

对于结构在强震下的安全性，多道防线是很重要的。所谓多道防线通常指：

1）整个抗震结构体系由若干个延性较好的分体系组成，并由延性较好的结构构件连接起来协同工作。如框架-抗震墙体系是由延性框架和抗震墙两个系统组成；双肢或多肢抗震墙体系由若干个单肢墙分系统组成；框架-支撑框架体系由延性框架和支撑框架两个系统组成；框架-筒体体系由延性框架和筒体两个系统组成。

2）抗震结构体系具有最大可能数量的内部、外部冗余度，有意识地建立起了一系列分布的较易于修复的塑性屈服区，以使结构能吸收和耗散大量的地震能量。例如，框架结构中，根据强柱弱梁的概念，地震时使框架梁先于框架柱屈服，可吸收地震能量并实现内力重分布，从而提高结构的抗震能力。

6. 合理设置防震缝

体型复杂的建筑并不一概提倡设置防震缝。由于是否设置防震缝各有利弊，历来有不同的观点，总的原则是：

1）可设缝、可不设缝时，不设缝。设置防震缝可使结构抗震分析模型较为简单，容易估计其地震作用和采取抗震措施，但需考虑可能的扭转地震效应，并按规范的规定确定缝宽，使防震缝两侧在预期的地震（如中震）下不发生碰撞或采取措施减轻碰撞引起的局部损坏。

2）当不设置防震缝时，结构分析模型复杂，连接处局部应力集中需要加强，而且需仔细估计地震扭转效应等可能导致的不利影响。

7. 保证构件的延性

构件设计应采取有效措施防止脆性破坏，保证构件有足够的延性。结构设计时应保证抗剪承载力大于抗弯承载力，按强剪弱弯的原则进行配筋。为提高构件的抗剪和抗压能力，加强约束箍筋是较有效的措施。

5.3 抗震措施和抗震构造措施

结构抗震设计过程中，除了进行"计算"以外，还有一个重要的内容就是确定抗震措施。但是在实际的操作过程中，抗震措施的定义、内容该怎么确定，其所涉及的规范条文众多，设计人员很容易混淆，尤其是和抗震构造措施结合到一起时更容易出现差错。

1. 抗震措施和抗震构造措施辨析

《抗规》第2.1.10条中对抗震措施的定义是，除地震作用计算和抗力计算以外的抗震设计内容，包括抗震构造措施。因此，这里需要明白的一个概念是：抗震措施和抗震构造措施是包含和被包含的关系，不是并列关系，这里之所以把抗震构造措施拿出来讲，是因为现行规范体系里针对怎么查抗震构造措施有一些调整。从以上定义可以看出，抗震设计包含两大方面的内容：一是地震作用计算和抗力计算；二是抗震措施（详见图5.5）。抗震措施主要包括一般规定、计算要点、抗震构造措施、设计要求的内容。《抗规》第2.1.11条中对抗震构造措施的定义是：根据抗震概念设计原则，一般不需要计算而对结构和非结构各部分必须采取的各种细部要求。这里要注意：抗震构造措施强调的是"构造"，通过控制细部来确保结构的整体性、加强局部薄弱环节、保证抗震计算结果的有效性，而抗震措施里是有计算内容的，也就是所谓的构造设计计算。对于"不需计算"，这里的计算指的是地震作用计算、抗力计算，严格来说抗震构造措施里是有计算的，只不过这个计算指的是那种简单的计算，比如配筋率。

《抗规》中有一些条文是关于结构采用抗震措施或抗震构造措施调整的，抗震构造措施的范围比抗震措施小，因此实际操作过程中，如果是针对抗震措施的调整，则包括抗震构造措施在内的除地震作用计算和抗力计算以外的抗震设计内容都要进行调整；如果只是针对抗震构造措施的调整，则需搞清楚哪些是抗震构造措施，就不会张冠李戴——只需调整抗震构造措施的却调整了所有的抗震措施。比如《抗规》中一般规定及计算要点中的地震作用效应（内力及变形）调整的规定均属于抗震措施，设计要求中的规定，可能包括有抗震措施和抗震构造措施，应按术语定义区分。抗震构造措施主要包括以下六个方面的内容：①竖向构件的轴压比；②构件截面尺寸要求（最小截面宽高厚、剪跨比、跨高比等）；③最小配筋率；④箍筋及加密区要求；⑤抗震墙边缘构件配筋要求；⑥特一级结构配筋要求。

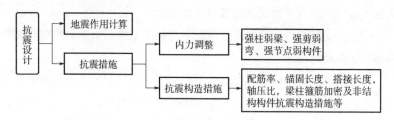

图 5.5　抗震措施和抗震构造措施关系图

2. 抗震措施调整的相关条文

根据《设防标准》和《抗规》规定，建筑按抗震设防类别分为甲类、乙类、丙类、丁类，建筑所在地的抗震设防烈度分为 6 度 $(0.05g)$、7 度 $(0.10g)$、7 度 $(0.15g)$、8 度 $0.20g$ $(0.25g)$、9 度 $(0.40g)$，建筑的场地类别又分为 Ⅰ、Ⅱ、Ⅲ、Ⅳ四类。不同的抗震设防类别、抗震设防烈度、场地类别，结构所采取的抗震措施须相应地进行不同调整。

(1)《设防标准》第 3.0.3 条规定，各抗震设防类别建筑的抗震设防标准，应符合下列要求：

1) 特殊设防类（甲类）。应按高于本地区抗震设防烈度提高一度的要求加强其抗震措施；但抗震设防烈度为 9 度时应按比 9 度更高的要求采取抗震措施。同时，应按批准的地震安全性评价的结果且高于本地区设防烈度的要求确定其地震作用。

2) 重点设防类（乙类）。应按高于本地区抗震设防烈度一度的要求加强其抗震措施；但抗震设防烈度为 9 度时应按比 9 度更高的要求采取抗震措施，地基基础的抗震措施，应符合有关规定。同时，应按本地区抗震设防烈度确定其地震作用。

3）标准设防类（丙类）。应按本地区抗震设防烈度确定其抗震措施和地震作用，达到在遭遇高于当地抗震设防烈度的预估罕遇地震影响时不致倒塌或发生危及生命安全的严重破坏的抗震设防目标。

4）适度设防类（丁类）。允许比本地区抗震设防烈度的要求适当降低其抗震措施，但抗震设防烈度为6度时不应降低。一般情况下，仍应按本地区抗震设防烈度确定其地震作用。

（2）《抗规》中针对不同的情况下如何采取抗震措施和抗震构造措施做出了具体的规定：

1）《抗规》第3.3.2条规定，建筑场地为Ⅰ类时，对甲乙类的建筑应允许仍按本地区抗震设防烈度的要求采取抗震构造措施；对丙类的建筑应允许按本地区设防烈度降低一度的要求采取抗震构造措施，但抗震设防烈度为6度时仍按本地区抗震设防烈度的要求采取抗震构造措施。

2）《抗规》第3.3.3条规定，建筑场地为Ⅲ、Ⅳ时，对设计基本地震加速度为0.15g和0.30g的地区，除另有规定外，宜分别按抗震设防烈度8度（0.20g）和9度（0.40g）时各抗震设防类别建筑的要求采取抗震构造措施。

3）《抗规》第6.1.1条注释6规定，乙类建筑可按本地区抗震设防烈度确定其最大适用高度。

4）《抗规》第6.1.2条注释1规定，建筑场地为Ⅰ类时，除6度外应允许按表内降低一度所对应的抗震等级采取抗震构造措施，但相应的计算要求不应降低。

5）《抗规》第6.1.3条注释4规定，当甲乙类建筑按规定提高一度确定其抗震等级而房屋的高度超过规范规定的上界时，应采取比抗震等级一级更有效的抗震构造措施。

其中，《抗规》第8章针对钢结构房屋，另有单独规定：

6）《抗规》第8.1.3条注释2规定，一般情况，构件的抗震等级应与结构相同；当某个部位各构件的承载力均满足2倍地震作用组合下的内力要求时，7～9度的构件抗震等级应允许降低一度确定。

7）《抗规》第 8.4.3 条注释 2 规定，框架-中心支撑结构的框架部分，当房屋高度不高于 100m 且框架部分按计算分配的地震剪力不大于结构底部总地震剪力的 25% 时，一、二、三级的抗震构造措施可按框架结构降低一级的相应要求采用。

3. 抗震措施和抗震构造措施调整总结

从规范的相关条文可以看出，抗震措施怎么确定和建筑的抗震设防类别有关，但是抗震构造措施根据抗震设防烈度和场地类别在建筑抗震设防类别的基础之上会有所调整。确定抗震构造措施时须注意：

（1）Ⅰ类场地　对于甲乙类建筑：根据定义，按高于本地区抗震设防烈度一度的要求加强其抗震措施，9 度（指本地区设防烈度）时按比 9 度更高的要求采取抗震措施。这里的抗震措施包含了抗震构造措施，因此抗震构造措施也应相应的调整，但是，建筑场地为Ⅰ类时特殊，对甲乙类的建筑应允许仍按本地区抗震设防烈度的要求采取抗震构造措施；丙类建筑：允许降低一度确定抗震构造措施，6 度（指本地区设防烈度）时按 6 度确定。

（2）Ⅲ、Ⅳ类场地　对于甲乙类建筑：根据定义，按高于本地区抗震设防烈度一度的要求加强其抗震措施。这里相当于抗震构造措施已按提高一度确定。另外，当场地类别为Ⅲ、Ⅳ类时，7 度（0.15g）应按照 8 度（0.20g）查抗震构造措施，8 度（0.30g）应按 9 度（0.40g）查抗震构造措施。这里对于甲乙类建筑就有一个双重调整的问题，而调整的幅度则需根据实际情况综合确定；对于丙类建筑：7 度（0.15g）应按照 8 度（0.20g）查抗震构造措施，8 度（0.30g）应按 9 度（0.40g）查抗震构造措施。

（3）9 度和丁类　抗震设防烈度为 9 度时应按比 9 度更高的要求采取抗震措施。丁类允许比本地区抗震设防烈度的要求适当降低其抗震措施，具体结合实际情况确定。

（4）乙类　对于乙类建筑，只提高一度确定抗震措施，地震作用计算不提高。

为了方便设计人员查阅，不同抗震设防类别、设防烈度、场地类别的建筑，其抗震措施和抗震构造措施归纳于表 5.1，以供读者参考。

表 5.1 乙、丙类建筑的抗震措施和抗震构造措施

类别	设防烈度	6		7 (0.1g)		7 (0.15g)	8 (0.2g)		8 (0.3g)		9	
	场地类别	I	II ~ IV	I	II ~ IV	III ~ IV	I	II ~ IV	III ~ IV	I	II ~ IV
乙类	抗震措施	7	7	8	8	8	9	9	9	9⁺	9⁺
	抗震构造措施	6	6	7	8	8⁺	8	9	9⁺	9	9⁺
丙类	抗震措施	6	6	7		7	8	8	8	9	9
	抗震构造措施	6	6	6	7	8	7	8	9	8	9

注：8⁺、9⁺表示适当提高而不是提高一度的要求。

5.4 抗震设计中常见问题实例分析

5.4.1 女儿墙抗震设计中的问题

女儿墙作为非结构构件，虽然其破坏不会引起整个结构的破坏，但其倒塌极易造成人员伤亡，尤其在地震区的房屋设计中，女儿墙的抗震措施应引起足够的重视。屋面女儿墙通常有砌体和钢筋混凝土女儿墙。在一般情况下，混凝土女儿墙的高度取值比较灵活，且不必设置构造柱。根据《抗规》第 13.3.2.5 条规定：砌体女儿墙在人流出入口和通道处应与主体结构锚固；非出入口无锚固的女儿墙高度，6~8 度时不宜超过 0.5m，9 度时应有锚固。实际工程中，女儿墙高度往往超过规范限值，设计人员的处理措施也不是太明确，给工程留下安全隐患。

1. 女儿墙高度不大于 500mm 的抗震措施

《非结构构件抗震设计规范》JGJ 339—2015（以下简称《非抗规》）第 4.4.2 条规定，女儿墙的布置和构造，应符合下列规定：

1）不应采用无锚固的砖砌镂空女儿墙。

2）非出入口无锚固砌体女儿墙的最大高度，6~8 度时不宜超过 0.5m；超过 0.5m 时，人流出入口、通道处或 9 度时，出屋面砌体女儿墙应设置构造柱与主体结构锚固，构造柱间距宜取 2.0~2.5m。

3）砌体女儿墙内不宜埋设灯杆、旗杆、大型广告牌等构件。

4）因屋面板插入墙内而削弱女儿墙根部时应加强女儿墙与主体结构的连接。

5）砌体女儿墙顶部应采用现浇的通长钢筋混凝土压顶。

6）女儿墙在变形缝处应留有足够的宽度，缝两侧的女儿墙自由端应予以加强。

7）高层建筑的女儿墙，不得采用砌体女儿墙。规范对无锚固女儿墙的最大高度作了明确的限制，对 6~8 度区，允许无锚固女儿墙（非出入口处）的最大高度为 500mm，虽然 6~8 度区允许设计 500mm 以内的无锚固女儿墙，但规范所指的是非出入口处的女儿墙，而设计中常常忽视的是出入口处的女儿墙的抗震锚固。考虑到一旦倒塌时的后果。从安全的角度出发，对于人群疏散要道，建筑物出入口处的女儿墙无论多高，都必须采取抗震措施。

2. 女儿墙高度大于 500mm 的抗震措施

对 500~1000mm 高的女儿墙，一般采用的抗震措施是：在顶部设配筋压顶，在女儿墙中沿墙长不超过 2m 或半个开间设置构造短柱，同时，沿墙高每隔 500mm 埋设 2φ6 水平钢筋与构造柱相连。超过 1000mm 高的女儿墙宜在内部沿高度方向每隔 500~600mm，增设一道圈梁，圈梁截面可取 120mm×240mm。纵筋宜采用 4φ10，箍筋为 φ6@200，女儿墙构造短柱的平面布置间距也应适当减小。在进行结构整体抗震设计验算时，按照《抗规》第 5.2.4 条规定：当采用底部剪力法时，凸出屋面的女儿墙的地震作用效应，宜乘以增大系数 3，此增大部分不应往下传递，但与该凸出部分相连的构件应计入；采用振型分解法时，凸出屋面部分可作为一个质点。

3. 女儿墙构造短柱平面布置

设计人员在设计女儿墙时，往往不标注女儿墙的具体位置，仅仅说明布置原则，在施工时，就会遇到一些问题。首先，对于砌体结构，楼层中的构造柱是否应通至女儿墙，规范中没有明确的规定。构造柱一般是沿房屋全高设置的，由于悬臂女儿墙在地震荷载作用下对于整个结构为一薄弱部位，因而将构造柱延伸至女儿墙，可增加女儿墙与主体结构的整体性，提高女儿墙抵抗地震荷载的能力。因此，建议在设计中，应首先尽量将楼层中的构造柱延伸入女儿墙，并与压顶梁相连，其配筋、断面都不改变。然后再在构造柱之间按照规定要求不超过 2m 间距设置女儿墙构造短柱。女儿墙的构造短柱纵筋下端应锚入屋面圈梁中，锚固长度应不小于 l_{aE}。有些设计人员仅在图中注明多少间距设置构造短柱，不明确标出构造柱的具体位置，没有仔细推敲其可行性。

4. 屋面女儿墙最大悬臂高度及其构造柱间距计算

实际上，女儿墙的最大悬臂高度和构造柱的间距不仅由墙体自身的材料及其截面特性决定，还取决于抗震设防烈度和当地风荷载的大小。本节只考虑地震单独作用时墙体受力分析。女儿墙的水平地震作用采用《抗规》第13.2.3条规定的等效侧力法计算，以日照某办公楼为例（图5.6），日照地区抗震设防烈度为 7 度，女儿墙高 2.0m，使用 200mm 厚混凝土砌块，自重 12kN/m³。

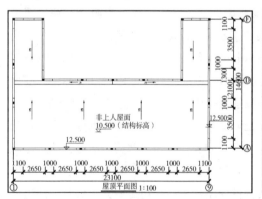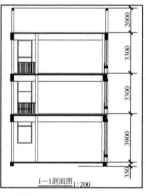

图 5.6 某办公楼平面图和剖面图

（1）抗风验算 计算参数取值如下：

女儿墙高 $h = 2.0$m；　　　　　　　　　基本风压 $W_0 = 0.4$kN/m²；

墙顶标高 12.50m；　　　　　　　　　　地面粗糙度 B 类；

女儿墙材料：MU10 砌块；　　　　　　　砂浆强度 Mb5；

女儿墙厚度：200mm；　　　　　　　　　浆砌普通砖自重 12kN/m³

1）取1m长度墙计算，依据《荷载规范》第8.1.1-2，风荷载标准值：

$$w_k = \beta_z \mu_s \mu_z w_0 = 1.0 \times 0.6 \times 1.13 \times 0.4 = 0.27(kN/m^2) \quad (5-1)$$

2）设风荷载在墙高范围内近似按矩形分布：

$$M = \gamma_w 0.5 w_k h = 1.5 \times 0.5 \times 0.27 \times 2.0 = 0.41(kN \cdot m) \quad (5-2)$$

$$V = \gamma_w w_k h = 1.5 \times 0.27 \times 2.0 = 0.82(kN) \quad (5-3)$$

3）依据《砌体结构设计规范》GB 50003—2011（以下简称《砌规》）第5.4.1条：

$$M \leqslant f_{tm} W = 0.05 \times 1000 \times (1.0 \times 0.20^2)/6 = 0.33(kN \cdot m) \quad (5-4)$$

女儿墙抗弯不满足要求，应对女儿墙高度进行调整。

$$V \leqslant f_v bz = 0.06 \times 1000 \times 1.0 \times 2 \times 0.20/3 = 8.0(kN) \quad (5-5)$$

女儿墙抗剪满足要求。

4）女儿墙高度调整。取女儿墙高度为1.5m，其他参数不变，按照式（5-2）重新计算，求得 $M = 0.31kN \cdot m$，抗弯满足要求。

（2）抗震验算 一般情况下女儿墙根部设有混凝土梁、板或圈梁，可视其为墙体的固接支座，墙体顶部为自由端，不存在支承点之间的相对位移所产生的影响，从而可将女儿墙简化为一静定悬臂构件。且女儿墙重力远小于顶层的重力，在地震力的作用下，女儿墙的受力机理等效于集中力作用于自由端处的悬臂构件。构件破坏面出现在女儿墙根部，呈通缝状，属弯曲抗拉破坏。地震作用和风荷载作用可不同时考虑，只考虑地震单独作用时墙体受力机理。当风荷载起主导作用时，两种作用应分别计算，取其安全值。地震荷载计算参数如下：

7度区地震加速度0.1g；　　　　　　抗震分组：第三组；

抗震设防类别：丙类；　　　　　　女儿墙抗震调整系数 $\gamma_{RE} = 1.0$；

水平地震影响系数最大值 $\alpha_{max} = 0.08g$；功能系数 $\gamma = 0.9$；

类别系数 $\eta = 1.4$；　　　　　　状态系数 $\zeta_1 = 2.0$；

位置系数 $\zeta_2 = 2.0$。

1）取单位长度1m为计算单元，依据《抗规》第13.2.3条规定：

$$F_{Ek} = \gamma \eta \zeta_1 \zeta_2 \alpha_{max} G \quad (5-6)$$

$V = 1.3 F_{Ek} = 1.3 \times 0.9 \times 1.4 \times 2.0 \times 2.0 \times 0.08 \times 18 \times 1.0 \times 2.0 \times 0.20 = 3.77(kN)$

2）依据《砌规》第10.2.2条：

$$V \leqslant f_{vE}A/\gamma_{RE} \qquad f_{vE} = \zeta_N f_V \qquad (\zeta_N = 0.8) \qquad (5\text{-}7)$$

$$V \leqslant 1000 \times 0.8 \times 0.06 \times 1.0 \times 0.20/1.0 = 9.60(kN)$$

女儿墙抗震满足要求。

（3）女儿墙构造柱间距确定　设构造柱间距为 L，由于摩擦力不作为抵抗地震作用的抗力，底部断面破坏后，可将构造柱间的墙体视为水平简支梁或连续梁，构造柱视为墙体的支座。

此时，墙体破坏属砌体沿齿缝弯曲抗拉破坏，$f_{tm} = 0.08MPa$。取单位高度1m为计算单元，墙体自重为2.40kN/m：

$$VL \leqslant f_v bz = 0.08 \times 1000 \times 1.0 \times 2 \times 0.2/3 \qquad (5\text{-}8)$$

求得：$L = 2.83m$。因此，构造柱最大间距取不大于2.8m。

（4）女儿墙构造加强措施　通过上述计算分析可知，该办公楼当女儿墙设置构造柱时最大悬臂高度为1.5m，构造柱布置间距一般不宜大于2.0m。在建筑工程设计中，由于建筑立面造型的变化，女儿墙高度不仅仅要满足使用功能的要求，而且要满足立面造型的要求，因此为了保证女儿墙的安全，女儿墙的安全性计算及女儿墙的加强措施，在整个工程结构设计中越来越重要。

5.4.2　屋面采用双T板，抗震构造措施不当

近年来，大跨度预应力双T板结构广泛应用于工业建筑，特别是一些对温度、湿度要求高或有腐蚀性介质而又不适合做轻钢结构的建筑。其优点是空间大，屋面构造简单，防火、防腐蚀、保温等容易处理，双T板的边缘可切割，因而施工方便。缺点是自重大，结构体系抗侧刚度差，梁柱受力大。设计人员选用双T板时，往往忽略了其抗震构造措施的要求。历次震害表明，采用双T板的建筑破坏主因是由于预制板的整体连接不足而造成的。如某储存火灾危险性为丙1类的仓库，屋面采用双T板，抗震设防有关参数如图5.7所示，屋面结构布置如图5.8所示，未采取任何加强连接的措施。按照《抗规》第6.1.7条要求，采用装配整体式楼、屋盖时，应采取措施保证楼、屋盖的整体性及其与抗震墙的可靠连接。装配整体式楼、屋盖采用配筋现浇面层加强时，其厚度

不应小于50mm。采取加强措施后如图5.9和图5.10所示。

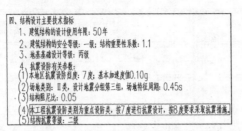

图 5.7　某仓库抗震设防有关参数

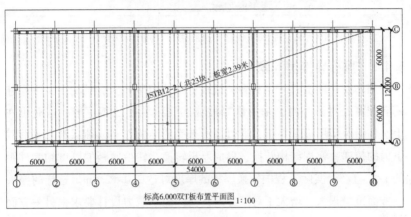

图 5.8　某仓库双 T 板平面布置图

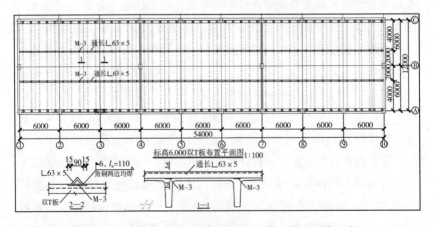

图 5.9　某仓库双 T 板屋面抗震构造（用于设防烈度 7 度）

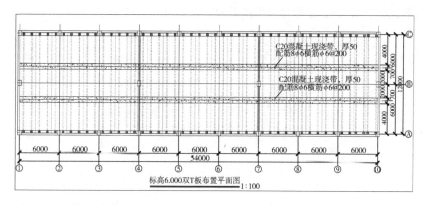

图 5.10　某仓库双 T 板屋面抗震构造（用于设防烈度 8 度）

5.4.3　厚板转换层问题

当转换层的上、下层剪力墙或柱子错位范围较大，结构上、下层柱网有很多处对不齐时，采用搭接柱或实腹梁转换已不可能，这时可在上、柱错位楼层设置厚板，通过厚板来完成结构在竖向荷载和水平荷载下力的传递，实现结构转换，形成厚板转换。转换厚板的厚度约为柱距的 $1/3 \sim 1/5$，实际工程中转换厚板的厚度可达 $2.0 \sim 2.8$m。这样的厚板一方面重量很大，增大了对下部垂直构件的承载力设计要求；另一方面其混凝土用量也很大，对混凝土的施工提出了更高的要求。由于相当于几层楼重量的厚板质量集中在结构的中部，振动性能十分复杂，且该层刚度很大，下层刚度相对较小，容易产生底部变形集中，在地震作用下，地震反应强烈，对结构的抗震不利。不仅板本身受力很大，而且由于沿竖向刚度突然变化，相邻上、层受到很大的作用力，容易发生震害。考虑到厚板转换结构形式的受力复杂性、抗震性能较差、施工较复杂，同时由于转换厚板在地震区使用经验较少，《高规》第 10.2.4 条规定，转换结构构件可采用转换梁、桁架、空腹桁架、箱形结构、斜撑等，非抗震设计和 6 度抗震设计时可采用厚板，7、8 度抗震设计时地下室的转换结构构件可采用厚板。例如，日照某 50 层住宅楼，1～2 为商业网点，3～50 层为住宅（图 5.11），从第三层开始设置转换层，日照地区抗震设防烈度 7 度，原结构布置图为厚板转换，审图后提出修改意见，建议改为转换梁结构，如图 5.12 所示。

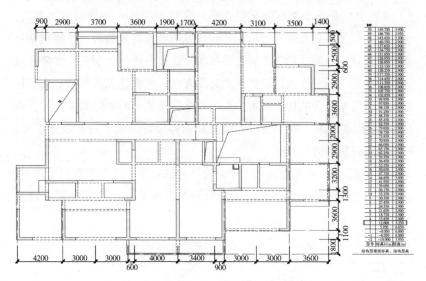

图 5.11　某高层住宅楼剪力墙平面布置图

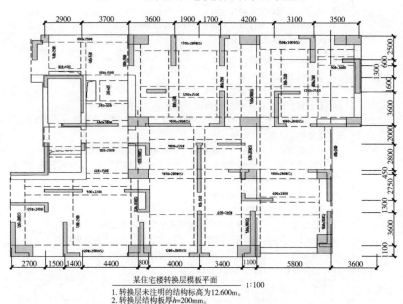

某住宅楼转换层模板平面　　1:100
1. 转换层未注明的结构标高为12.600m。
2. 转换层结构板厚h=200mm。

图 5.12　某高层商住楼转换层平面布置图

5.4.4 消防水泵房和仓库抗震问题

1）工业企业（如石油化工企业）经常采用独立建造消防水泵房，地震期间往往伴随火灾，其原因是现代城市各种可燃物较多，特别是可燃气体进楼，一般在地震中管道被扭曲而造成可燃气体泄露，在静电或火花的作用下而发生火灾，如果此时没有水，火灾将无法扑救。为了加强独立消防水泵房的抗震能力，规范要求独立建造的消防水泵房应提高1度采取抗震措施。施工图审查中发现结构设计人员经常忽视此规定，按照标准设防类进行设计。

2）储存高、中放射性物质或剧毒物品的仓库不应低于重点设防类，储存易燃、易爆物质等具有火灾危险性的危险品仓库应划为重点设防类，详见表5.2。

表 5.2　建筑工程抗震设防标准分类举例

设防类别	举例
甲类	1. 三级医院中承担特别重要医疗任务的门诊、医技、住院用房 2. 国家和区域的电力调度中心 3. 研究中试生产和存放具有高放射性物质以及剧毒的生物制品、化学制品、天然和人工细菌、病毒的建筑
乙类	1. 消防车库及其值班用房 2. 应急避难场所的建筑 3. 二、三级医院的门诊、医技、住院用房 4. 省、自治区、直辖市的电力调度中心 5. 20万人口以上城镇、抗震设防烈度为7度及以上的县及县级市：送水泵房、进水泵房、中控室、化验室 6. 特大型的体育场，大型、观众席容量很多的中型体育场和体育馆 7. 大型的电影院、剧场、礼堂、图书馆的视听室和报告厅、文化馆的观演厅和展览厅、娱乐中心建筑 8. 人流密集的大型的多层商场 9. 大型展览馆、会展中心 10. 幼儿园、小学、中学的教学用房以及学生宿舍和食堂 11. 生产或使用具有剧毒、易燃、易爆物质且具有火灾危险性的厂房 12. 储存高、中放射性物质或剧毒物品的仓库 13. 储存易燃、易爆物质的危险品仓库
丙类	住宅建筑，普通办公楼，旅馆
丁类	储存物品价值低、人员活动少、无次生灾害的单层仓库

第6章 结构软件理解和应用

结构设计离不开软件计算和手算，其中大部分工作由专业软件完成，手算主要涉及结构的概念设计、对软件计算结果的复核验算及其关键构件、关键节点的验算等，即使计算机已日益普及，但手算复核工作仍然是结构设计的重要内容，结构设计人员应注意通过适当的手算，培养自己的动手能力，提高概念设计水平。另外应注意，结构计算分析是对结构概念设计的量化和验证，但结构设计中不能以结构计算代替概念设计。对于一项具体工程，设计人员首先应选用符合工程情况的计算软件，进行建模计算，且计算模型应与实际受力模型一致，必要时应补充多模型分析，对复杂结构应采用不少于两个不同力学模型的程序进行比较计算。目前常用的专业软件有 PKPM 系列、盈建科 YJK 系列、3D3S 系列等，其中 3D3S 主要用于钢结构工程的设计计算。

6.1 结构整体性能控制

对一个典型工程而言，从模型建立到施工图绘制基本都需经过多次反复的调整过程，方可使计算结果满足各项整体指标的要求。总结整个设计过程，对于一般项目，都须经过以下四个计算步骤，往复循环，如图 6.1 所示。

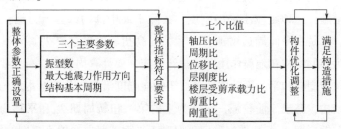

图 6.1 结构整体性能控制

1. 结构计算整体指标概念

《高规》第 5.1.16 条和《抗规》第 3.6.6 条均有要求对结构分析软件的计算结果，应进行分析判断，确认其合理、有效后方可作为工程设计的依据。软件（以 SATWE 为例）对计算结果提供两种输出方式：图形文件输出和文本文件输出，结构设计人员应从以下七个指标进行检查：

（1）轴压比（图形文件）　轴压比指柱考虑地震作用组合的轴压力设计值与柱全截面面积和混凝土轴心抗压强度设计值乘积的比值，主要为控制结构的延性，轴压比不满足要求，结构的延性要求无法保证；轴压比过小，则说明结构的经济技术指标较差，宜适当减少相应墙、柱的截面面积。轴压比不满足时可增大该墙、柱截面或提高该楼层墙、柱混凝土强度等级。

（2）周期比　周期比指结构以扭转为主的第一自振周期 T_t 与平动为主的第一自振周期 T_1 之比，主要为控制结构扭转效应，减小扭转对结构产生的不利影响，周期比不满足要求，说明结构的扭转刚度相对于侧移刚度较小，结构扭转效应过大。《高规》第 3.4.5 条规定"结构扭转为主的第一自振周期 T_t 与平动为主的第一自振周期 T_1 之比，A 级高度高层建筑不应大于 0.9，B 级高度高层建筑、超过 A 级高度的混合结构及本规程第 10 章所指的复杂高层建筑不应大于 0.85"。如果周期比不满足求，只能从整体上去调整结构的平面布置，把抗侧力构件布置到更有效、更合理的位置上，力求结构在两个主轴上的抗震性能相接近，使结构的侧向刚度和扭转刚度处于协调的理想关系，此时，若仅从局部入手做些小调整往往收效甚微。规范方法是从公式 T_t/T_1 出发，采用两种调整措施：一种是减小平面刚度，去除平面中部的部分剪力墙，使 T_1 增大；二是在平面周边增加剪力墙，提高扭转刚度，使 T_t 减小。此条主要为控制结构在地震作用下的扭转效应。要计算周期比，首先要确认第一扭转周期和第一平动周期。对于侧向刚度沿竖向分布基本均匀的较规则结构，其规律性较强，扭转为主的第一扭转周期 T_t 和平移为主的第一侧振周期 T_1 都比较好确定。但对于平面或竖向布置不规则的结构，

则难以直观地确定 T_t 和 T_1。为便于设计人员执行这条规定，在软件中提供了各振型的振动形态判断和主振型判断功能。目前软件的这项功能仅适用于单塔结构，对于多塔结构，软件输出的振型方向因子暂时没有参考意义，应把多塔结构切分开，按单塔结构控制扭转周期。周期比超限作为判定工程不规则项之一，往往导致工程需申报抗震设防专项审查，对此设计人员应有足够的重视。

（3）位移比和位移角　"位移比"也称"扭转位移比"，指楼层的最大弹性水平位移（或层间位移）与楼层两端弹性水平位移（或层间位移）平均值的比值。《高规》第3.4.5条规定"在考虑偶然偏心影响的规定水平地震力作用下，楼层竖向构件最大的水平位移和层间位移，A、B级高度高层建筑均不宜大于该楼层平均值的1.2倍；且A级高度高层建筑不应大于该楼层平均值的1.5倍，B级高度高层建筑、混合结构高层建筑及复杂高层建筑，不应大于该楼层平均值的1.4倍"。控制位移比目的是限制结构平面布置的不规则性，避免产生过大的偏心而导致结构产生较大的扭转效应。计算位移比采用"规定水平力"计算，考虑偶然偏心和刚性楼板假定，不考虑双向地震作用。"位移角"也称"层间位移角"，指按弹性方法计算的楼层层间最大位移与层高之比。《高规》第3.7.3条和《抗规》第5.5.1条规定了不同高度及结构体系的建筑对位移角的限值。控制位移角的主要目的是为了控制结构的侧向刚度，计算时取"风荷载或多遇地震作用标准值"，不考虑偶然偏心和双向地震作用。位移角超限时只能调整改变结构平面布置，减小结构刚心与形心的偏心距。对于楼层位移比和层间位移比控制，规范规定是针对刚性楼板假定情况的，若有不与楼板相连的构件或定义了弹性楼板，那么，软件输出的结果与规范要求是不同的。设计人员应依据刚性楼板假定条件下的分析结果，来判断工程是否符合位移控制要求。

（4）最小刚度比控制　刚度比的计算主要是用来确定结构中的薄弱层，控制结构竖向布置，或用于判断地下室结构刚度是否满足嵌固要求。《抗规》附录E.2.1条，《高规》第3.5.2条、3.5.8条、5.3.7条和 10.2.3 条、附录 E.0.1、E.0.3 都对刚度比规定了最小值。对层刚度比的计算，SATWE 程序包含了三种计算方法："剪切刚度、剪弯刚度及地震剪力和地震层间位移的比"，算法的选择由程序根据上述规范条文自动完成，设计人员无法选择。通过楼层刚度比的计算，如果某楼层刚度比的计算结果不满足要求，SATWE 程序自动将该楼层定义为薄弱层，并按《高规》第 3.5.8 条要求对该层地震作用标准值的地震剪力乘以 1.25 的增大系数。

(5) 楼层受剪承载力比　指楼层全部柱、剪力墙、斜撑的受剪承载力之和与其上一层的承载力之比。主要为限制结构竖向布置的不规则性，避免楼层抗侧力结构的受剪承载能力沿竖向突变，形成薄弱层。《高规》第 3.5.3 条规定：A 级高度高层建筑的楼层抗侧力结构的层间受剪承载力不宜小于其相邻上一层受剪承载力的 80%，不应小于其相邻上一层受剪承载力的 65%；B 级高度高层建筑的楼层抗侧力结构的层间受剪承载力不应小于其相邻上一层受剪承载力的 75%。当某层受剪承载力小于其上一层的 80% 时，在 SATWE 的"调整信息"中的"指定薄弱层个数"中填入该楼层层号，将该楼层强制定义为薄弱层，SATWE 将按《高规》第 3.5.8 条对该楼层地震剪力乘以 1.25 的增大系数。

(6) 各楼层剪重比控制　剪重比指结构任一楼层的水平地震剪力与该层及其以上各层总重力荷载代表值的比值，通常指底层水平剪力与结构总重力荷载代表值之比，剪重比在某种程度上反映了结构的刚柔程度，剪重比应在一个比较合理的范围内，以保证结构整体刚度的适中。剪重比太小，说明结构整体刚度偏柔，水平荷载或水平地震作用下将产生过大的水平位移或层间位移；剪重比太大，说明结构整体刚度偏刚，会引起很大的地震力。《抗规》第 5.2.5 条、《高规》第 4.3.12 条明确规定了楼层的剪重比不应小于楼层最小地震剪力系数 λ，而 λ 与结构的基本周期和地震烈度有关。应特别注意，对于竖向不规则结构的薄弱层，尚应乘以 1.15 的增大系数。程序给出一个控制开关，由设计人员决定是否由程序自动进行调整。若选择由程序自动进行调整，则程序对结构的每一层分别判断，若某一层的剪重比小于规范要求，则相应放大该层的地震作用效应（内力），程序按照《抗规》第 5.2.5 的条文说明，当首层地震剪力不满足要求需进行调整时，对其上部所有楼层进行调整，且同时调整位移和倾覆力矩。剪重比调整系数在 WZQ．OUT 中输出。WNL．OUT 文件中的所有结果都是结构的原始值，是未经调整的，而 WWNL＊．OUT 中的内力是调整后的。

（7）刚重比 刚重比为结构的侧向刚度与重力荷载设计值之比。主要是控制在风荷载或水平地震作用下，重力荷载产生的二阶效应不致过大，避免结构的失稳倒塌。《高规》第 5.4.1 条和 5.4.4 条对其给出了限值。刚重比不满足要求，说明结构的刚度相对于重力荷载过小；但刚重比过分大，则说明结构的经济技术指标较差，宜适当减少墙、柱等竖向构件的截面面积。刚重比只能通过人工调整改变结构布置，加强墙、柱等竖向构件的刚度。

2. 结构建模计算分析应注意事项

1）为了适应国家规范和标准的不断修订，结构分析计算时应采用最新的计算软件和版本号，复杂结构应采用不少于两个合适的不同力学模型，对其计算结果进行分析比较。结构计算分析也不应追求所谓"一次计算到位"，由于计算假定的局限性，不同的假定都有一定的适应性，实际上也不存在一次计算就能解决所有工程的问题。

2）结构整体指标（如周期、位移、扭转位移比、倾覆力矩比等）计算时，应采用强制刚性楼板假定；构件设计计算时，可采用弹性楼板假定；对复杂结构或空间作用不明显的结构，在承载力设计时可根据工程具体情况，采用局部刚性楼板模型、弹性楼板模型或零刚度板模型。

3）构件受拉或结构温度应力分析时，应采用弹性楼板模型，不应采用刚性楼板模型，否则计算不出构件拉力。

4）验算地下室对上部结构的嵌固刚度比时，应采用基础顶面嵌固模型。

5）上部结构设计计算时，应采用地下室顶板的嵌固模型，当地下室顶板不能完全作为上部结构嵌固部位时，还应补充嵌固端向下延伸的计算模型，并按两次计算的不利值进行承载力包络设计。

6）承载力计算时剪力墙连梁的刚度应乘以相应的折减系数，6、7度时取0.7，8、9度时取0.5，大震分析时可取0.3；中震分析时可取大震与小震的平均值，位移计算时可不折减。

7）应考虑框架梁在竖向荷载下梁端塑性变形的内力重分布，梁端负弯矩调幅系数：现浇框架结构取0.8~0.9，装配式整体式框架取0.7~0.8。

8）结构内力与位移计算采用刚性楼板假定时，现浇楼盖和装配整体式楼盖的梁刚度放大系数：中梁取2.0，边梁取1.5；不宜直接采用程序自动计算的数值；大震分析时可取1.0，中震分析时可取大震与小震的平均值。

9）处于弹性或基本弹性受力状态的厚板可采用弹性楼板6模型进行比较计算。

10）关于次梁铰接。

①当需要对次梁点铰时，应对次梁的截面高度和平面布置进行再核查，避免次梁梁端与主梁端部（或其他次梁）距离过小（主梁计算梁段的抗扭刚度过大），避免次梁截面过大等（次梁高度与主梁宽度或剪力墙厚度之比不应大于2）。

②次梁点铰本质上属于结构计算书的处理手段，次梁点铰后应对次梁和主梁（或墙）采取综合措施，以确保次梁、主梁或墙的安全。

6.2 高层结构基本自振周期确定

高层建筑结构自振周期是其固有的力学特性，与结构的刚度和质量相关。自振周期的大小会影响到结构在竖向荷载、风和地震作用下的效应是否满足我国高层建筑结构设计标准规范的有关要求，包括整体稳定性、位移限值、承载力以及最小剪重比等。熟悉高层建筑结构自振周期的合理范围，则可从宏观上把握结构的刚度和质量是否适当。目前常用方法有按层数估算法和按高度计算法。

1. 按层数计算法

高层建筑结构自振周期按层数计算法见表6.1所示。

表6.1 按层数计算基本周期层法

结构体系	规范规定[1]	赵西安[45]，方鄂华等[46]	备注
钢结构	$T_1 = (0.10 \sim 0.15)n$	$T_1 = 0.10n$	
框架	$T_1 = (0.05 \sim 0.10)n$	$T_1 = (0.08 \sim 0.10)n$	
框架-剪力墙	$T_1 = (0.05 \sim 0.10)n$	$T_1 = (0.06 \sim 0.08)n$	n—建筑总层数
剪力墙	$T_1 = (0.05 \sim 0.10)n$	$T_1 = (0.04 \sim 0.05)n$	

2. 按高度计算法

高层建筑结构自振周期按高度计算法见表6.2所示。

表6.2 按高度计算基本周期法

规范规定[1]	框架	$T_1 = 0.25 + 0.53 \times 10^{-3} \dfrac{H^2}{\sqrt[3]{B}}$	
徐培福等[47]	框剪，剪力墙	$T_1 = 0.03 + 0.03 \dfrac{H}{\sqrt[3]{B}}$	H—结构总高度 B—结构宽度
	$H < 50\text{m}$	$T_1 = 0.08\sqrt{H} \sim 0.15\sqrt{H}$	
	$50\text{m} \leqslant H < 100\text{m}$	$T_1 = 0.15\sqrt{H} \sim 0.30\sqrt{H}$	
	$100\text{m} \leqslant H < 150\text{m}$	$T_1 = 0.20\sqrt{H} \sim 0.35\sqrt{H}$	
	$150\text{m} \leqslant H < 250\text{m}$	$T_1 = 0.25\sqrt{H} \sim 0.40\sqrt{H}$	
	$H \geqslant 250\text{m}$	$T_1 = 0.30\sqrt{H} \sim 0.40\sqrt{H}$	
沈蒲生等[48]	$H \leqslant 210\text{m}$	$T_1 = -1.36 \times 10^{-5}H^2 + 0.0282H - 0.0958$	
	$H > 210\text{m}$	$T_1 = -8.20 \times 10^{-6}H^2 + 0.0164H + 2.12$	
张小勇等[49]	$H > 150\text{m}$	$T_u \approx 0.415H^{0.5}$（可靠概率50%）	高层建筑基于整体稳定的周期上限
		$T_u \approx 0.40H^{0.5}$（可靠概率84.13%）	

3. 工程实例分析

（1）【实例一】　日照某国际大厦，框架-核心筒结构，其中外框柱柱距7.5m，外框柱与核心筒之间的中距为13.1m，核心筒宽度约占房屋总高度的1/11。本项目室外场地西高东低，自低处室外地面到主体结构屋面板顶高度为129.90m。屋顶上部设有31m高的塔冠，塔冠由双排箱形钢柱支撑，最顶部由箱形钢梁拉结，无楼板，箱形钢柱锚入下部混凝土主体结构内。

各层平面图、剖面图布置如图6.2和图6.3所示。

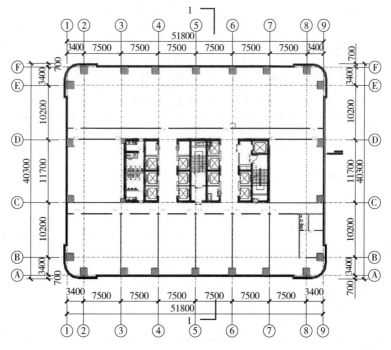

图6.2　办公楼标准层平面图

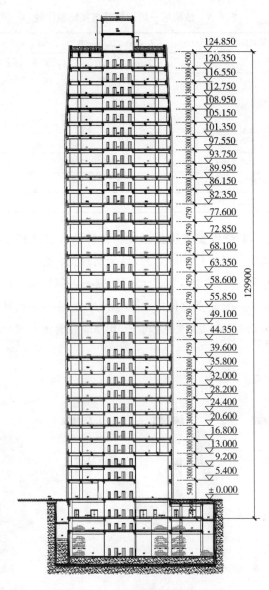

图 6.3　办公楼剖面图

1）结构第一周期估算。结构第一周期估算与实际值比较见表6.3。

表6.3　结构第一周期估算与实际值比较　（单位：s）

	偏柔值	$T_1 = 0.25\sqrt{H} = 0.25\sqrt{160.9} = 3.171$
估算值	偏刚值	$T_1 = 0.40\sqrt{H} = 0.4\sqrt{160.9} = 5.074$
	最大值	$T_u \approx 0.415H^{0.5} = 0.415 \times 160.9^{0.5} = 5.264$
		$T_1 = -1.36 \times 10^{-5}H^2 + 0.0282H - 0.0958 = -1.36 \times 10^{-5} \times 160.9^2 + 0.0282 \times 160.9 - 0.0958 = 4.089$
实际计算值	T_1（Y向平动系数）	3.937
	T_2（X向平动系数）	3.084
	T_3（Z向扭转系数）	2.656
	周期比（T_3/T_1）	0.685

2）结论。①结构整体刚度适中，计算值在合理的区间范围内；②结构第一周期未超过上限值，可以认为结构满足整体稳定性要求。

（2）【实例二】　某75层综合楼，框架-核心筒结构，其中外框柱柱距9.5m，外框柱与核心筒之间的中距为11.5m，室外地面到主体结构屋面板顶高度为288.5m。屋顶上部设有10.5m高的设备机房，如图6.4所示。

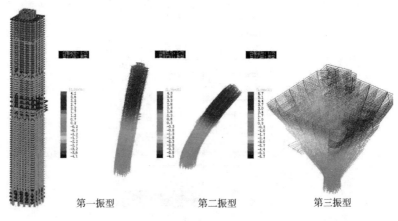

第一振型　　　　　第二振型　　　　　第三振型

图6.4　某综合楼前三个振型图

1）结构第一周期估算。结构第一周期估算与实际值比较见表 6.4。

表 6.4　结构第一周期估算与实际值比较　　（单位：s）

	偏柔值	$T_1 = 0.30\sqrt{H} = 0.30\sqrt{288.5} = 5.096$
估算值	偏刚值	$T_1 = 0.40\sqrt{H} = 0.4\sqrt{288.5} = 6.794$
	最大值	$T_u \approx 0.415H^{0.5} = 0.415 \times 288.5^{0.5} = 7.049$
		$T_1 = -8.20 \times 10^{-6}H^2 + 0.0164H + 2.12 = -8.20 \times 10^{-6} \times$ $288.5^2 + 0.0164 \times 288.5 + 2.12 = 6.169$
实际计算值	T_1（Y 向平动系数）	6.575
	T_2（X 向平动系数）	6.511
	T_3（Z 向扭转系数）	3.358
	周期比（T_3/T_1）	0.511

2）结论。①结构整体偏刚，计算值在合理的区间范围内；②结构第一周期未超过上限值，可以认为结构满足整体稳定性要求。

6.3　各种刚度比计算控制

结构设计时需要按照不同的结构体系，依据规范条文，采用结构模型的计算结果，控制各类刚度比，如剪切刚度比、剪弯刚度比、层剪力比层间位移的刚度比等。但是有些结构的刚度比计算还需要特殊的模型处理或者结果需要手工校核，设计中并不是将所有的楼层全部建模，整体计算控制各类刚度比。比如，对地下室顶板嵌固的剪切刚度比的判断是要考虑地下一层"相关范围"的模型，与是否考虑刚性楼板假定无关；但是对楼层剪力/层间位移的刚度比计算需要考虑全楼强制刚性楼板假定等。

1. 楼层剪切刚度比

（1）结构设计时，对大底盘多塔结构，首先要根据地上一层与地下一层剪切刚度比判断结构能否在地下室顶板嵌固，对此《高规》和《抗规》，均给出了具体规定如下：

1）《高规》第 5.3.7 条规定：高层建筑结构整体计算中，当地下室顶板作为上部结构嵌固部位时,地下一层与首层侧向刚度比不宜小于 2。计算地下室结构楼层侧向刚度时,可考虑地上结构以外的地下室相关部位的结构,"相关部位"一般指地上结构外扩不超过三跨的地下室范围。

2)《抗规》第 6.1.14 条规定,地下室顶板作为上部结构的嵌固部位时,应符合下列要求:

①地下室顶板应避免开设大洞口;地下室在地上结构相关范围的顶板应采用现浇梁板结构,相关范围以外的地下室顶板宜采用现浇梁板结构;其楼板厚度不宜小于 180mm,混凝土强度等级不宜小于 C30,应采用双层双向配筋,且每层每个方向的配筋率不宜小于 0.25%;②结构地上一层的侧向刚度,不宜大于相关范围地下一层侧向刚度的 0.5 倍。"相关范围"一般可从地上结构(主楼、有裙房时含裙房)周边外延不大于 20m。

(2)模型的选取和结果分析 计算楼层剪切刚度时,上部结构与地下室应整体分析,但是地下室应按照规范要求选取相关范围。对于大底盘多塔结构,判断地下室顶板是否嵌固时,需要切出上部塔楼不同的相关范围,按单个模型分别进行计算。PKPM 软件按照《抗规》第 6.1.14-2 条给出计算结果,并判断是否满足规范要求。

(3)工程实例分析 某安置区住宅楼项目,由地上 11 栋住宅楼和地下车库组成,剪力墙结构,地上 17 层,地下一层,总高 53.2m,切割其中 5# 楼剖面和模型如图 6.5 所示,其中嵌固部位位于车库顶板处。SATWE 输出的剪切刚度比计算结果如图 6.6 所示。

如果对上述住宅模型做局部修改,改变地下车库的部分墙体厚度,重新计算,如果剪切刚度比不满足地下室顶板嵌固的规范要求,第二层 x、y 方向的剪切刚度比均大于了 0.5,程序会给出红字提示超限,如图 6.7 所示。

通过上述分析可以看出,PKPM 按照《抗规》要求,自动进行楼层剪切刚度比的计算和控制,对于不满足地下室顶板嵌固的会显红提示超限。嵌固端位置的确定不影响结构内力计算结果,但是会影响到结构底部加强区判定的高度、底部薄弱层的判断、嵌固端下层梁柱配筋放大及

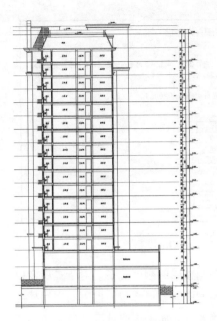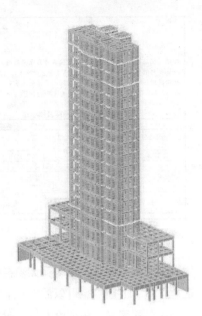

图 6.5　某住宅楼剖面图和模型

楼层侧向剪切刚度

按照《抗规》6.1.14-2条，地下室顶板作为上部结构的嵌固部位时，地上一层的侧向刚度，不宜大于相关范围地下一层侧向刚度的0.5倍，结构嵌固层X方向剪切刚度比（0.24），满足规范要求。结构嵌固层Y方向剪切刚度比（0.47），满足规范要求。

Ratx，Raty(刚度比)：　　X，Y 方向本层塔剪切刚度与下一层相应塔剪切刚度的比值
RJX，RJY：　　　　　　结构总体坐标系中塔的剪切刚度

表1　楼层侧向剪切刚度及刚度比

层号	RJX(kN/m)	RJY(kN/m)	Ratx	Raty
20	3.34e+7	8.50e+7	1.16	1.59
19	2.88e+7	5.34e+7	0.95	0.94
6-18	3.03e+7	5.67e+7	1.00	1.00
5	3.03e+7	5.67e+7	1.03	1.03
4	2.94e+7	5.50e+7	1.15	1.17
3	2.56e+7	4.69e+7	1.12	1.02
2	2.28e+7	4.59e+7	0.24	0.47
1	9.57e+7	9.76e+7	1.00	1.00

图 6.6　某住宅楼楼层剪切刚度

强柱根调整等，会导致不同的嵌固端可能引起不同的配筋及抗剪承载力之比等。如果地下室顶板无法作为上部结构嵌固部位，可以将设计中嵌

图 6.7 某住宅楼楼层剪切刚度超限

固端下移到基础顶，这时就无须再控制楼层的刚度比了。对于二层及以上地下室，嵌固端也可以放在地下室的中间楼层部位。但判断中间楼层是否满足嵌固时，规范没有给出明确要求，如果按照首层与地下中间某层的剪切刚度比来进行控制，需要手工计算剪切刚度比。

2. 楼层侧向刚度比

（1）规范规定 正常设计的高层建筑下部楼层侧向刚度宜大于上部楼层的侧向刚度，否则变形会集中于刚度小的下部楼层而形成结构薄弱层，所以规范对下层与相邻上层的侧向刚度比值进行限制。

1）《抗规》第 3.4.3 条规定：对结构竖向不规则类型判断中，侧向刚度不规则定义为：该层的侧向刚度小于相邻上一层的 70%，或小于其上相邻三个楼层侧向刚度平均值的 80%。

2）《高规》第 3.5.2 条规定：抗震设计时，高层建筑相邻楼层的侧向刚度变化应符合下列规定：

①对框架结构，楼层与其相邻上层的侧向刚度比 γ_1 可按式（6-1）计算，且本层与相邻上层的比值不宜小于 0.7，与相邻上部三层刚度平均值的比值不宜小于 0.8。

$$\gamma_1 = \frac{V_i \Delta_{i+1}}{V_{i+1} \Delta_i} \tag{6-1}$$

式中　γ_1——楼层侧向刚度比；

V_i、V_{i+1}——第 i 层和第 $i+1$ 层的地震剪力标准值（kN）；

Δ_i、Δ_{i+1}——第 i 层和第 $i+1$ 层在地震作用标准值作用下的层间位移（m）。

②对框架-剪力墙、板柱-剪力墙结构、剪力墙结构、框架-核心筒结构、筒中筒结构，楼层与其相邻上层的侧向刚度比 γ_2 可按式（6-2）计算，且本层与相邻上层的比值不宜小于 0.9；当本层层高大于相邻上层层高的 1.5 倍时，该比值不宜小于 1.1；对结构底部嵌固层，该比值不宜小于 1.5。

$$\gamma_2 = \frac{V_i \Delta_{i+1}}{V_{i+1} \Delta_i} \frac{h_i}{h_{i+1}} \tag{6-2}$$

式中　γ_2——考虑层高修正的楼层侧向刚度比。

（2）模型选取和参数调整　在确定嵌固端之后，就可以进行上部结构设计。如果地下室顶板满足嵌固要求，应切去地下室部分后进行上部结构计算，然后再按照《抗规》和《高规》的要求计算楼层剪力与层间位移的刚度比，判断该楼层是否是薄弱层。对图 6.5 中的大底盘住宅楼模型删除地下室，只保留地面以上部分，同时还需要在 SATWE 参数指定中修改地下室的层数为 0，嵌固端所在的层号为 1。另外由于《高规》和《抗规》对判断薄弱层的层剪力与层间位移的刚度比计算是不完全相同的，对于框架结构是完全一致的，但是对剪力墙等结构，《高规》要在《抗规》的基础上考虑层高修正。这就需要对非框架结构，还要选择如何进行刚度比的控制，PKPM 软件默认的情况是刚度比控制"按《抗规》和《高规》从严控制判断"，设计人员也可选择按《抗规》或《高规》执行刚度比的控制，如图 6.8 所示。

（3）计算结果分析　住宅楼剪力墙结构楼层剪力与层间位移计算刚度比结果，如图 6.9 所示。

通过图 6.9 输出的层剪力/层间位移结果可以看出，PKPM 在计算结果中输出了 Ratx1、Raty1（刚度比 1），同时输出了 Ratx2、Raty2（刚度比 2）。其中 Ratx1、Raty1 分别为按照《抗规》控制的楼层刚度比，即 X、Y 方向本层塔侧移刚度与上一层相应塔侧移刚度 70% 的比值或上三

结构设计——从概念到细节

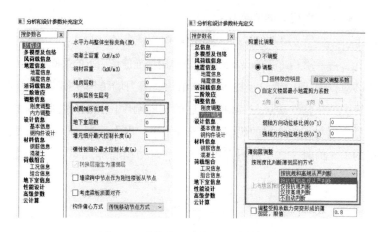

图 6.8　总信息及内力调整参数选择

图 6.9　PKPM 输出的楼层刚度及刚度比

层平均侧移刚度 80% 的比值中之较小者，输出的刚度比比值都是直接与
1 去比较。

Ratx2、Raty2 分别表示 X、Y 方向本层侧移刚度与本层层高的乘积
与上一层相应侧移刚度与上层层高的乘积的比值。但是对于 Ratx2、
Raty2 计算时，由于其刚度比限值有可能为 90%、110% 及 150%，PKPM

150

根据要求自动输出了 Rat2_min，也就是刚度比的限值。刚度比能否满足要求，需要用计算的刚度比直接与 Rat2_min 去比较。

3. 楼层剪弯刚度比

剪弯刚度的使用，只有对高位转换结构转换层下部与转换层上部结构的刚度比计算时，才用到该刚度及刚度比的比值。

（1）规范规定　《高规》E.0.3 条规定：当转换层设置在第 2 层以上时，尚宜采用图 E 所示的计算模型按公式（4-2）[一]计算转换层下部结构与上部结构的等效侧向刚度比 γ_{e2}。γ_{e2} 宜接近 1，非抗震设计时 γ_{e2} 不应小于 0.5，抗震设计时 γ_{e2} 不应小于 0.8。

$$\gamma_{e2} = \frac{\Delta_2 H_1}{\Delta_1 H_2} \tag{6-3}$$

式中　γ_{e2}——转换层下部结构与上部结构的等效侧向刚度比；

H_1——转换层及其下部结构（计算模型 1）的高度；

Δ_1——转换层及其下部结构（计算模型 1）的顶部在单位水平力作用下的侧向位移；

H_2——转换层上部若干层结构（计算模型 2）的高度，其值应等于或接近计算模型 1 的高度 H_1，且不大于 H_1；

Δ_2——转换层上部若干层结构（计算模型 2）的顶部在单位水平力作用下的侧向位移。

（2）剪弯刚度比的输出及校核　对图 6.5 的模型进行计算时，指定该结构体系为框支转换结构，并且执行转换层所在的层号为 4，如图 6.10 所示，由于地下室层数为 0，则程序可自动判断该结构为高位转换结构，其转换层下部结构与转换层上部结构刚度比的输出就会按照《高规》E.0.3 条进行计算，PKPM 输出结果如图 6.11 所示。

结构设计中对于剪弯刚度的计算，只有在高位转换下才需要，PKPM 会根据定义的框支转换结构及转换层所在的层号自动判断是否是高位转换结构，并自动输出转换层下部结构与转换层上部结构的剪弯刚度比。

———
〇　即本书的式（6-3）。

結构设计——从概念到细节

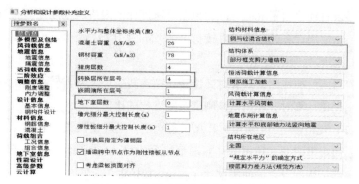

图 6.10 某综合楼总信息参数确定

图 6.11 某综合楼结构刚度比输出结果

4. 低位转换结构的剪切刚度比

对于低位转换结构（转换层设置在1、2层），其转换层楼层刚度比的控制不按照一般结构的楼层剪力比层间位移的刚度比结果进行控制，而是按照剪切刚度进行刚度比的控制。

（1）规范规定 《高规》E.0.1条规定：当转换层设置在1、2层时，可近似采用转换层与其相邻上层结构的等效剪切刚度比 γ_{e1} 表示转换层上、下层结构刚度的变化，γ_{e1} 宜接近1，非抗震设计时 γ_{e1} 不应小于0.4，抗震设计时 γ_{e1} 不应小于0.5。γ_{e1} 可按下列公式计算：

$$\gamma_{e1} = \frac{G_1 A_1}{G_2 A_2} \times \frac{h_2}{h_1} \tag{6-4}$$

$$A_i = A_{w,i} + \sum_j C_{i,j} A_{ci,j} \quad (i=1,2) \tag{6-5}$$

$$C_{i,j} = 2.5 \left(\frac{h_{ci,j}}{h_i} \right)^2 \quad (i=1,2) \tag{6-6}$$

式中　G_1、G_2——转换层和转换层上层的混凝土剪变模量；

$\quad$ A_1、A_2——转换层和转换层上层的折算抗剪截面面积，可按式
$\quad$ $\quad$ （6-5）计算；

$\quad$ $A_{w,i}$——第 i 层全部剪力墙在计算方向的有效截面面积（不包
$\quad$ $\quad$ 括翼缘面积）；

$\quad$ $A_{ci,j}$——第 i 层第 j 根柱的截面面积；

$\quad$ h_i——第 i 层的层高；

$\quad$ $h_{ci,j}$——第 i 层第 j 根柱沿计算方向的截面高度；

$\quad$ $C_{i,j}$——第 i 层第 j 根柱截面面积折算系数，当计算值大于 1
$\quad$ $\quad$ 时取 1。

对低位转换结构，转换层与相邻上层的刚度比要按照剪切刚度控制，但是低位转换结构其他楼层的刚度比还是要按照正常结构的层剪力与层间位移计算的刚度控制刚度比，仍然要按照 Rat1 与 Rat2 取较小值从严控制。

（2）计算结果的输出及分析　如果计算参数总信息中转换层所在的层号取 2，地下室层数取 0，结构体系选部分框支转换结构，如图 6.12 所示。则 PKPM 根据转换层所在的层号减去地下室层数，判断该结构是否是低位转换结构，如果是低位转换结构，程序对于转换层与相邻上层的刚度比就使用剪切刚度去判断。

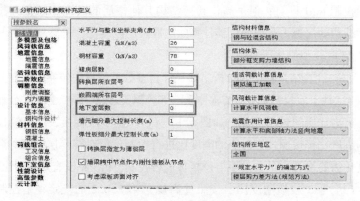

图 6.12　部分框支转换结构及转换层层号指定

由于该结构转换层所在层号为 2，属于低位转换结构，对于第 2 层的刚度比控制需按《高规》E.0.1 条规定的剪切刚度比控制。图 6.13 所示为 PKPM 识别结构为低位转换后，输出的转换层下部与转换层上部结构的刚度比，结果中有转换层与转换层上层的剪切刚度比。如果该比值小于 1，代表刚度比超限，计算结果会显红并提示超限。按照《高规》规定，该比值宜接近 1。其他楼层刚度比还是按正常一般结构的刚度比（层剪力/层间位移刚度）进行控制。

图 6.13　某综合楼转换层剪切刚度比

5. 高位转换结构楼层剪力比层间位移的刚度比

（1）规范规定　《高规》E.0.2 条规定：当转换层设置在第 2 层以上时，按《高规》第 3.5.2 条 1 计算的转换层与其相邻上层的侧向刚度比不应小于 0.6。也就是说对高位转换结构，转换层与相邻上层的刚度比仅仅按照《高规》第 3.5.2 条 1 楼层剪力与层间位移的刚度控制，即仅仅控制 Rat1 即可；但是高位转换结构其他楼层的刚度比还是要按照正常结构的层剪力与层间位移计算的刚度控制刚度比，仍然要按照 Rat1 与 Rat2 取较小值从严控制。

（2）计算结果输出及分析　如果计算参数总信息中转换层所在的层号取 4，地下室层数取 0，结构体系选部分框支转换结构，PKPM 会输出楼层剪力比层间位移刚度，如图 6.14 所示。其中除转换层外，其他楼层的刚度比都按照该图输出的刚度比进行控制。但对转换层即第 4 层的刚度比需要设计人员自己手工校核再进行控制，PKPM 没有默认输出。

（3）手工校核刚度比　按照《高规》第 E.0.2 的规定，是控制转换层与其相邻上层的层间力与层间位移的刚度比，而图 6.14 中输出的

图 6.14　高位转换结构楼层剪力比层间位移刚度比

Ratx1 及 Raty1 都是按照本层侧移刚度与相邻上层侧移刚度的 70% 或与上三层平均值的 80% 比值中的较小值。因此，在判断高位转换结构转换层与其上层刚度比的时候不能直接依据该结果，应该手工计算校核该层刚度比。

第 4 层 X 方向的刚度比：

$$\gamma_1 = \frac{RJX_4}{RJX_5} = \frac{2.52}{2.34} = 1.077 > 0.6 \qquad (6\text{-}7)$$

第 4 层 Y 方向的刚度比：

$$\gamma_1 = \frac{RJY_4}{RJY_5} = \frac{2.52}{2.09} = 1.206 > 0.6 \qquad (6\text{-}8)$$

按照规范要求该转换层与转换层上层的刚度比均大于 0.6，满足规范要求。

6. 超限审查中楼层刚度比

《超限高层建筑工程抗震设防专项审查技术要点》（以下简称《审

查要点》）用于判定结构不规则项中，也要求进行刚度比的控制，若"本层侧向刚度小于相邻上层的50%"，则认为属于"层刚度偏小"。该刚度比的控制计算要按照图 6.15 给出的"楼层剪力/层间位移计算的刚度"来控制刚度比，需设计人员进行手工校核。如第 41 层的刚度比计算：

图 6.15　某综合楼楼层剪力比层间位移刚度比

X 方向刚度比：

$$\gamma_1 = \frac{RJX_{41}}{RJX_{42}} = \frac{2.39}{5.07} = 0.471 < 0.5 \tag{6-9}$$

Y 方向刚度比：

$$\gamma_1 = \frac{RJY_{41}}{RJY_{42}} = \frac{2.26}{4.69} = 0.482 < 0.5 \tag{6-10}$$

该综合楼第 41 层侧向刚度小于相邻上层的 50%，该楼层判定为层刚度偏小。

第7章　规范条文正确理解和应用

　　规范对结构设计人员的重要性不言而喻，对于各规范的条文，不但应对于其中的强条内容熟记于心，而且对于各条文的含意应当正确理解，以便于正确应用。规范标准的编制是以当时的科技水平和经济条件为前提的，其依据只能是主要起草人当时所掌握的经验和资料，因此可以这样说，规范条文只是建筑物所需要的最低标准，而且常常是滞后的，从某种意义上来说是给初入行或经验少的设计人员用的，照搬规范不会出大事，但是一味按规范去做往往会阻碍在设计和施工中采用和开发新技术。一代结构大师、现代预应力混凝土之父林同炎教授要求我们成为"不断探求应用自然法则而不盲从现行规范的结构工程师"。因此，设计人员对于规范条文的正确理解和应用是非常重要的。如果错误地理解和应用了规范条文，轻则导致设计浪费，重则导致结构安全出现问题。设计人员在进行结构安全控制时，必须遵守规范的规定，特别是工程建设强制性条文，绝对不能违背。但是规范不可能取代设计人员所必需的理论知识、经验和判断力。因为规范再详细，也不可能包罗万象，解决一切设计中碰到的难题。结构工程师必须针对不同的设计对象、环境和使用条件，创造性地选用规范中的数据。结构工程师的创造力和开拓创新精神是对建筑师、业主和设计项目的最大贡献。无论是结构设计人员，还是施工图审查人员，过分地依赖规范、过度地看重规范，死扣规范条文和数据，甚至将规范看作"圣旨"的态度都是不可取的。英国的 Charles E. Reynolds[54] 说："现今的设计虽受规范条文的限制，但设计者必须通过思考和判断去了解其内容、吃透其中的实质含义，而不是仅仅去满足允许的最低限值"。这句话值得每一位结构设计人员牢记于心。

7.1 伸缩缝、沉降缝和防震缝的正确设置

为有效防止结构因温度变化和混凝土收缩时产生裂缝，超长建筑需隔一定距离设置伸缩缝；建筑中高低层部分之间，由于沉降不同，往往设沉降缝分开；建筑物各部分层数、质量、刚度差异过大，或有错层时，也可用防震缝分开。伸缩缝、沉降缝和防震缝将建筑划分为若干个独立的结构单元。建筑物设置"三缝"，可以有效解决结构产生过大变形和内力的问题，但又面临许多新的问题，如设缝破坏了建筑的整体效果，使结构复杂，使用不便；另一方面地下部分容易渗漏，造成防水困难等，而更为严重的是，地震时缝两侧结构进入弹塑性状态，位移急剧增大而发生相互碰撞，产生严重的震害。所以，体型复杂的建筑并不一概提倡设置防震缝。由于是否设置防震缝各有利弊，故有两种不同的观点可供参考：①可设缝、可不设缝时，不设缝。设置防震缝可使结构抗震分析模型较为简单，容易估计其地震作用和采取抗震措施，但需考虑扭转地震效应，并按规定确定缝宽，使防震缝两侧在预期的地震（如中震）下不发生碰撞或减轻碰撞引起的局部损坏。②当不设置防震缝时，结构分析模型复杂，连接处局部应力集中需要加强，而且需仔细估计地震扭转效应等可能导致的不利影响。

（1）伸缩缝的设置要求 《混规》第8.1.1条规定了设置伸缩缝的最大间距，由于在混凝土结构的地下部分，温度变化和混凝土收缩能够得到有效的控制，当设置伸缩缝时，框架、排架结构的双柱基础可不断开。一般情况下，在较长的区段上不设伸缩缝要采取以下的构造措施和施工措施：

1）在温度影响较大的部位提高配筋率。这些部位包括：顶层、底层、山墙、内纵墙端开间。对于剪力墙结构，这些部位的最小构造配筋率为25%，实际工程一般都在0.3%以上。

2）直接受阳光照射的屋面应加厚屋面隔热保温层，或设置架空通风双层屋面，避免屋面结构温度变化过于激烈。

3）顶层可以局部改变为刚度较小的形式（如剪力墙结构顶层局部改为框架-剪力墙结构），或顶层分为长度较小的几段。

4）施工中设置后浇带。一般每40m设一道，后浇带宽800～1000mm，混凝土后浇，钢筋搭接长度35d。

后浇带应通过建筑物的整个横截面，分开全部墙、梁和楼板，使得两边都可以自由收缩。后浇带可以选择对结构受力影响较小的部位曲折通过，不要在一个平面内，以免全部钢筋都在同一平面内搭接。一般情况下，后浇带可设在框架梁和楼板的1/3跨处；设在剪力墙洞口上方连梁的跨中或内外墙连接处。

考虑实际工程情况，住宅建筑的房屋长度不应超过规范规定，砌体结构不宜超长，公共建筑当长度超过规范规定长度的1.5倍时，应进行温度应力分析并采取温度应力控制的综合措施。

（2）沉降缝的设置要求　当建筑物的各部分由于基础沉降而产生显著沉降差，有可能产生结构难以承受的内力和变形时，可采用沉降缝将不同部分分开。沉降缝不但应贯通上部结构，而且应贯通基础本身。通常，沉降缝用来划分同一高层建筑中层数相差很多、荷载相差很大的各部分，如建筑物的主楼和裙房。设缝或不设缝，应根据具体条件综合考虑。设沉降缝后由于上部结构须在缝的两侧均设独立的抗侧力结构，形成双梁、双柱和双墙，建筑和结构问题较多，地下室渗漏不容易解决。结构设计人员处理建筑物各部分沉降差的手段主要有"抗、放和调"。"抗"就是采用桩或刚度较大的基础来抵抗沉降差，但造价高，不经济；"放"就是设沉降缝，让各部分自由沉降，互不影响，避免出现由于不均匀沉降时产生的内力。有抗震要求时，缝宽还要考虑防震缝的宽度要求；"调"就是在设计与施工中采取措施，调整各部分沉降，减少其差异，降低由沉降差产生的内力。目前许多工程是采用调整各部分沉降差的办法。如高层建筑主楼与裙房之间预留后浇带，钢筋连通，混凝土后浇，待两部分沉降稳定后再连为整体，从而解决了设计、施工和使用上的一系列问题，如图7.1所示。

（3）防震缝的设置要求　体型复杂、平立面不规则的建筑，应根据

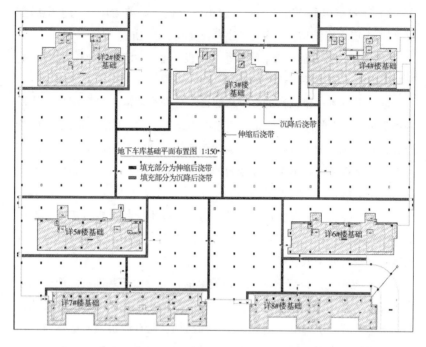

图 7.1 某大底盘多塔结构住宅楼伸缩后浇带和沉降后浇带设置

不规则程度、地基基础条件和技术经济等因素的比较分析，确定是否设置防震缝，并分别符合下列要求：①当不设置防震缝时，应采用符合实际的计算模型，分析判明其应力集中、变形集中或地震扭转效应等导致的易损部位，采取相应的加强措施；②当在适当部位设置防震缝时，宜形成多个较规则的抗侧力结构单元。防震缝应根据抗震设防烈度、结构材料种类、结构类型、结构单元的高度和高差以及可能的地震扭转效应情况，留有足够的宽度，其两侧的上部结构应完全分开。

防震缝应在地面以上沿全高设置，当不作为沉降缝时，基础可以不设防震缝。但在防震缝处基础应采取加强构造和连接措施。总的来说，建筑各部分之间凡是设缝的，就要分得彻底，凡是不设缝的，就要连接牢固。严禁将各部分之间设计得似分不分，似连不连或"藕断丝连"。

（4）规范对伸缩缝、沉降缝和防震缝宽度的规定 《抗规》第

6.1.4 条、第 3.4.5 条,《高规》第 3.4.10 条、第 3.4.11 条规定,防震缝宽度应分别符合下列要求:

1) 框架结构(包括设置少量抗震墙的框架结构)房屋的防震缝宽度,当高度不超过 15m 时不应小于 100mm;高度超过 15m 时,6 度、7 度、8 度和 9 度分别每增加高度 5m、4m、3m 和 2m,同时宜加宽 20mm。

2) 框架-抗震墙结构房屋的防震缝宽度不应小于本款 1)项规定数值的 70%,抗震墙结构房屋的防震缝宽度不应小于本款 1)项规定数值的 50%;且均不宜小于 100mm。

3) 防震缝两侧结构类型不同时,宜按需要较宽防震缝的结构类型和较低房屋高度确定缝宽。

4) 当设置伸缩缝和沉降缝时,其宽度应符合防震缝的要求(表 7.1)。

表 7.1 钢筋混凝土房屋防震缝、伸缩缝和沉降缝的宽度

(单位:mm)

抗震等级	框架结构（Δ_1）	框架-剪力墙结构（Δ_2）	剪力墙结构（Δ_3）
6 度	$\Delta_{16} = 100 + (H - 15) \times 4$	$\Delta_{26} = 0.7 \times \Delta_{16}$	$\Delta_{36} = 0.5 \times \Delta_{16}$
7 度	$\Delta_{17} = 100 + (H - 15) \times 5$	$\Delta_{27} = 0.7 \times \Delta_{17}$	$\Delta_{37} = 0.5 \times \Delta_{17}$
8 度	$\Delta_{18} = 100 + (H - 15) \times 7$	$\Delta_{28} = 0.7 \times \Delta_{18}$	$\Delta_{38} = 0.5 \times \Delta_{18}$
9 度	$\Delta_{19} = 100 + (H - 15) \times 10$	$\Delta_{29} = 0.7 \times \Delta_{19}$	$\Delta_{39} = 0.5 \times \Delta_{19}$

7.2 轴压比、剪压比和剪跨比的正确理解

轴压比、剪压比和剪跨比分别代表着结构设计中的不同方面,对结构设计人员来说,正确理解这些概念,将有助于更好地做出设计。

1. 轴压比

(1) 柱的轴压比 《抗规》第 6.3.6 条、《混规》第 11.4.16 条、《高规》第 6.4.2 条规定:柱轴压比指柱考虑地震作用组合的轴向压力设计值与柱的全截面面积和混凝土轴心抗压强度设计值乘积之比值。限值框架柱的轴压比主要是为了保证柱的塑性变形能力和保证框架的抗倒塌能力。抗震设计时,除了预计不可能进入屈服的柱外,通常希望框架

柱最终为大偏心受压破坏。试验研究表明，随着轴压比增大，柱延性降低，耗能能力减少。框架柱多数采用对称配筋，由极限状态下截面内力平衡条件可知，轴压比实际上反映了柱截面中混凝土受压区相对高度 $\xi = x/h_0$ 的大小，轴压比限值的实质是大小偏心受压的界限，当 $\xi \leqslant \xi_b$ 时为大偏心受压，当 $\xi > \xi_b$ 时为小偏心受压。规范控制框架柱轴压比的意义，就在于使柱尽量处于大偏心受压状态，避免出现延性差的小偏心受压破坏，这正是轴压比限值的意义。根据国内外的研究成果，当配箍量、箍筋形式满足一定要求，或在柱截面中部设置配筋芯柱且配筋量满足一定要求时，柱的延性性能有不同程度的提高，因此可对柱的轴压比限值适当放宽，但不应大于 1.05。需要注意的是，轴压比的限值跟剪跨比相关。

（2）墙的轴压比 《抗规》第 6.4.2 条、《混规》第 11.7.16 条、《高规》第 7.2.13 条规定：墙肢轴压比指在重力荷载代表值作用下墙的轴压力设计值与墙的全截面面积和混凝土轴心抗压强度设计值乘积的比值。轴压比是影响剪力墙在地震作用下塑性变形能力的重要因素。国内外试验表明，相同条件的剪力墙，轴压比低的，其延性大，轴压比高的，其延性小；通过设置约束边缘构件，可以提高剪力墙的塑性变形能力，但轴压比大于一定值后，即使设置约束边缘构件，在强震作用下，剪力墙仍可能因混凝土压溃而丧失承受重力荷载的能力。

2. 剪压比

剪压比是截面上平均剪应力与混凝土轴心抗压强度设计值的比值，用于说明截面上承受名义剪应力的大小，剪压比主要是控制名义剪力。限制剪压比，实质是在约束截面尺寸。需要强调一点：抗震设计时，对于梁、柱、剪力墙和连梁，剪压比限制条件都跟剪跨比相关。《抗规》第 6.2.9 条规定：钢筋混凝土结构的梁、柱、抗震墙和连梁，其截面组合的剪力设计值应符合下列要求：

1）跨高比大于 2.5 的梁和连梁及剪跨比大于 2 的柱和抗震墙：

$$V \leqslant \frac{1}{\gamma_{RE}}(0.20f_c bh_0) \tag{7-1}$$

2）跨高比不大于 2.5 的连梁、剪跨比不大于 2 的柱和抗震墙、部分框支抗震墙结构的框支柱和框支梁、以及落地抗震墙的底部加强部位：

$$V \leq \frac{1}{\gamma_{RE}}(0.15 f_c b h_0) \tag{7-2}$$

式中　V——按规范规定调整后的梁端、柱端或墙端截面组合的剪力设
　　　　　计值；

　　　f_c——混凝土轴心抗压强度设计值；

　　　b——梁、柱截面宽度或抗震墙墙肢截面宽度；

　　　h_0——截面有效高度，抗震墙可取墙肢长度。

3. 剪跨比

剪跨比就是截面弯矩与剪力和有效高度乘积的比值。剪跨比实质上是截面上正应力 σ 与剪应力 τ 的比值关系。

（1）对于承受集中荷载的梁，剪跨比 λ 计算方法如下：

$$\lambda = \frac{M}{V h_0} = \frac{a}{h_0} \tag{7-3}$$

这里的剪跨长度 a 是指离支座最近的那个集中力到支座的距离。这时的剪跨比与广义剪跨比相同。由于剪压区混凝土截面上的正应力大致与弯矩 M 成正比，而剪应力大致与剪力 V 成正比，因此，剪跨比 λ 或广义剪跨比 λ_0 实质上反映了截面上正应力和剪应力的相对关系。由于正应力和剪应力决定了主应力的大小和方向。因而，它对梁的斜截面受剪破坏形态和斜截面受剪承载力，有着极为重要的影响。

（2）剪跨比对梁破坏形态的影响　梁斜截面剪切破坏根据剪跨比大小分为斜压破坏、剪压破坏和斜拉破坏三种破坏形态：

1）当 $\lambda < 1$ 时，发生斜压破坏。这种破坏多数发生在剪力大而弯矩小的区段，以及梁腹板很薄的 T 形截面或工字形截面梁内。破坏时，混凝土被腹剪斜裂缝分割成若干个斜向短柱而被压坏，破坏是突然发生的。

2）当 $1 < \lambda < 3$ 时，发生剪压破坏。其破坏特征通常是，在剪弯区段的受拉区边缘先出现一些垂直裂缝，它们沿竖向延伸一小段长度后，斜向延伸形成一些斜裂缝，而后又产生一条贯穿的较宽的主要斜裂缝，称为临界斜裂缝，临界斜裂缝出现后迅速延伸，使斜截面剪压区的高度

缩小，最后导致剪压区的混凝土破坏，使斜截面丧失承载力。

3）当 $\lambda > 3$ 时，发生斜拉破坏。其特点是当垂直裂缝一出现，就迅速向受压区斜向伸展，斜截面承载力随之丧失。斜压破坏和斜拉破坏都属于突然的脆性破坏，结构设计时要尽量避免。

（3）剪跨比对柱破坏形态的影响 《抗规》第 6.3.5 条、《混规》第 11.4.11 条和《高规》第 6.4.1 条规定，抗震设计时柱的剪跨比宜大于 2。这是因为弯曲破坏是延性破坏。

1）钢筋混凝土柱剪跨比应按下式计算：

$$\lambda = M^c / V^c h_0 \tag{7-4}$$

式中 λ——剪跨比，应按柱端截面组合的弯矩计算值 M^c、对应的截面组合剪力计算值 V^c 及截面有效高度 h_0 确定，并取上下端计算结果的较大值；反弯点位于柱高中部的框架柱可按柱净高与 2 倍柱截面高度之比计算。

2）规范中与剪跨比有关的构造要求。《抗规》《混规》和《高规》有关规定：①框支柱和剪跨比不大于 2 的框架柱应在柱全高范围内加密箍筋；②剪跨比不大于 2 的柱宜采用复合螺旋箍或井字复合箍，其体积配箍率不应小于 1.2%，9 度一级时不应小于 1.5%；③当按一级抗震等级设计，且柱的剪跨比小于 2 时，柱每侧纵向钢筋的配筋率不宜大于 1.2%；④四级抗震等级框架柱剪跨比小于 2 时，箍筋直径不小于 8mm；⑤剪跨比小于 2 时，轴压比限值应降低 0.05。

通过以上规范条文可以看出，抗震设计时，柱的剪跨比宜大于 2，当剪跨比小于 2 时，则应采取相应的配筋构造措施来加强。

7.3 带"E"钢筋适用范围辨析

1. 规范对抗震钢筋的规定

《钢筋混凝土用钢第 2 部分：热轧带肋钢筋》（GB/T 1499.2—2018）第 4.2 条中把普通热轧钢筋分成不带 E（HRB400、HRB500、HRB600）和带 E（HRB400E、HRB500E）两种，其中"E"是"地震"的英文

（Earthquake）的首字母。牌号带"E"的钢筋是专门为满足一定抗震性能要求而生产的钢筋，其表面轧有专用标志。《混凝土结构工程施工质量验收规范》（GB 50204—2015）第5.2.3条要求，对按一、二、三级抗震等级设计的框架和斜撑构件（含梯段）中的纵向受力普通钢筋应采用HRB335E、HRB400E、HRB500E、HRBF335E、HRBF400E 或 HRBF500E钢筋，其强度和最大力下总伸长率的实测值应符合下列规定：

1）抗拉强度实测值与屈服强度实测值的比值不应小于1.25。

2）屈服强度实测值与屈服强度标准值的比值不应大于1.30。

3）最大力下总伸长率不应小于9%。

《混规》第11.2.3条、《抗规》第3.9.2条-2对按一、二、三级抗震等级设计的框架和斜撑构件，其纵向受力钢筋也给出了同样要求。其实，满足上述3个指标的钢筋就是牌号带"E"的钢筋，其他钢筋不太可能满足此条件或须经试验确定。

2. 带"E"钢筋的使用范围

规范对使用带"E"钢筋是有一定条件的，并非所有的抗震结构都需要带"E"钢筋。

1）抗震等级：一、二、三级（四级抗震和非抗震结构未要求）。

2）结构形式：框架（含框剪结构中框架部分）；框支梁和框支柱；板柱-抗震墙的柱；伸臂桁架的斜撑和楼梯的梯段等。不包括非框架梁、楼板、剪力墙结构、砌体结构等其他结构类型和构件。

3）特指框架柱、框架梁、框支柱、框支梁中的纵向钢筋，箍筋和其他钢筋未要求。

4）以上1）、2）、3）条同时满足才需要带"E"钢筋，只满足其中一项或两项的不要求。如四级抗震的框架、二级抗震的剪力墙、三级抗震框架柱中的箍筋等均不需要带"E"钢筋。

3. 框架结构主要构件采用带"E"钢筋的目的

规范针对部分框架、斜撑构件（含梯段）中纵向受力钢筋强度、伸长率的规定，其目的是为了保证重要结构构件的抗震性能。

1）纵向受力钢筋检验实测最大强度值与受拉屈服强度的比值（强

屈比）不小于 1.25，使结构某部位出现较大塑性变形后，钢筋仍具有必要的强度潜力，即塑性铰处有足够的转动能力与耗能能力，保证构件的基本抗震承载力。

2）钢筋受拉屈服强度实测值与钢筋的受拉屈服强度标准值的比值（屈强比）不应大于 1.3，主要保证"强柱弱梁""强剪弱弯"的设计要求不会因钢筋屈服强度离散性过大而受影响。

3）钢筋最大拉力下的总伸长率不应小于 9%，主要为了保证在抗震大变形条件下，要求框架柱、框架梁、框支柱、框支梁、伸臂桁架的斜撑、楼梯的梯段纵向受力钢筋具有足够的延性和塑性变形能力。

4. 设计中常见问题

有些设计人员不分结构形式或抗震等级，套用设计说明，随意采用带"E"钢筋，如某联排别墅，采用框架-剪力墙结构，剪力墙抗震等级三级，框架四级，设计说明中要求所有抗震构件均要使用带"E"钢筋。

7.4　剪力墙端柱和边框柱辨析

由于高层建筑的高度不断增高，钢筋混凝土剪力墙的高度也逐渐加大，其轴压应力也随之加大。研究表明，轴压比是影响剪力墙在地震作用下塑性变形能力的重要因素，相同条件的剪力墙，轴压比低的，其延性大，轴压比高的，其延性小。轴压比低的剪力墙，即使不设约束边缘构件（暗柱、端柱和翼墙），在水平力作用下也能有比较大的塑性变形能力，轴压比高的剪力墙，通过设置约束边缘构件，可以有效提高剪力墙的塑性变形能力，但轴压比超过一定值后，即使设置约束边缘构件，在强震作用下，剪力墙仍可能因混凝土压溃而丧失承受重力荷载的能力。

框架-剪力墙结构由框架和剪力墙两种结构组成，在布置方式上一般采用框架和剪力墙（包括单片墙、联肢墙、剪力墙筒体）分开布置，形成独立的抗侧力单元，或在框架的若干跨内嵌入剪力墙（框架相应跨的柱和梁成为该片墙的边框，称为带边框剪力墙）。在结构布置合理的情况下，框架-剪力墙结构可以同时发挥框架和剪力墙两者的优点，使结构具有较大的整体抗侧刚度，平面布置灵活，且两种结构构成抗震的两道防线，因而成为高层建筑中较常用的一种结构形式。

1. 剪力墙端柱

（1）规范规定 《抗规》第 6.4.5 条规定，抗震墙两端和洞口两侧应设置边缘构件，边缘构件包括暗柱、端柱和翼墙，《高规》第 7.2.15 条规定，剪力墙的约束边缘构件可为暗柱、端柱和翼墙（图 7.2），并同时对剪力墙端柱最大轴压比和配筋给出了具体要求（图 7.3）。唯一不同的是，《抗规》同时要求，对剪力墙约束端柱，当端柱承受集中荷载时，配筋构造尚应满足与墙相同抗震等级框架柱的要求。由以上规范规定来看，端柱属于剪力墙边缘构件的一种，属于墙体的一部分，其抗震等级同剪力墙的抗震等级。

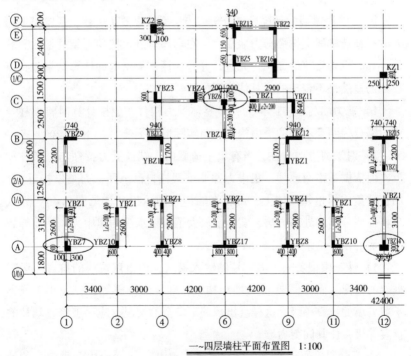

一～四层墙柱平面布置图　1:100

图 7.2　剪力墙约束边缘构件布置

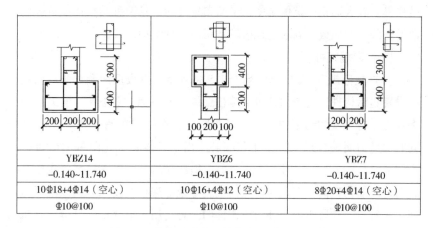

YBZ14	YBZ6	YBZ7
−0.140~11.740	−0.140~11.740	−0.140~11.740
10Φ18+4Φ14（空心）	10Φ16+4Φ12（空心）	8Φ20+4Φ14（空心）
Φ10@100	Φ10@100	Φ10@100

图 7.3　剪力墙约束边缘构件（端柱）配筋

（2）剪力墙端柱计算模型分析　当剪力墙设置了端柱，通常模型输入时是在墙轴线上按照剪力墙输入，在端部节点上按照框架柱输入，软件计算时也是按照墙元和柱元进行分开计算，采用这种计算结果进行端柱配筋显然是不合理的，具体原因如下：

1）剪力墙与端柱原本为一个整体受力构件，建模计算时将端柱与剪力墙分为两个不同的受力构件，与实际情况不符。

2）对于剪力墙端柱，当有集中荷载时，端柱受力特性与框架柱相近，但依据圣维南原理，集中力并非框架柱自己承受，而是以接近 45°的扩散角传到相邻墙体上，由整个墙体共同承担（详见图 7.4），而人为将柱墙分离的处理方法，实际上放大了端柱承受的集中力，从而导致剪力墙的设计结果可能偏于不安全。

3）计算模型若采用墙＋柱的输入模式，会出现端柱的抗震等级同框架的情况，而在框架-剪力墙结构中，框架的抗震等级一般小于或等于剪力墙的抗震等级，这样会出现偏不安全的情况，应手工修改端柱的抗震等级，使其同剪力墙。

（3）合理的处理措施　根据有关资料[31]，下面给出几种常见的处理方法，以供设计人员参考：

1）采用［墙＋墙］的 T 字墙计算模型，就是将端柱按 T 形截面的

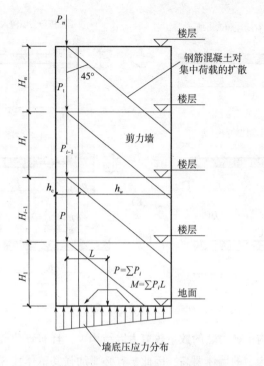

图 7.4　钢筋混凝土对竖向荷载扩散

翼缘墙肢输入，如图 7.5a 所示。

2）在端柱与墙之间开计算洞（洞口可取 $500\text{mm} \times 800\text{mm}$），形成 ［柱＋刚性梁＋墙］的计算模型（图 7.5b），刚性梁宽度同墙厚，截面高度可取 ［层高－800］。

3）采用等效墙厚法计算，墙长为 ［$h_c + h_w$］，按墙截面面积相等的原则将有端柱剪力墙等效为矩形截面剪力墙（图 7.5c），墙的等效截面厚度 b'_w，按等效厚度剪力墙验算平面外稳定，此时，由于对端柱的有利作用（端柱对墙肢平面外稳定的有利影响）考虑略有不足，其结果是偏于安全的。必要时还可以考虑实际端柱截面对墙肢稳定的有利影响，采用手算复核。

2. 剪力墙边框柱

（1）规范规定　剪力墙的边框柱一般是与框剪结构中的框架柱相对

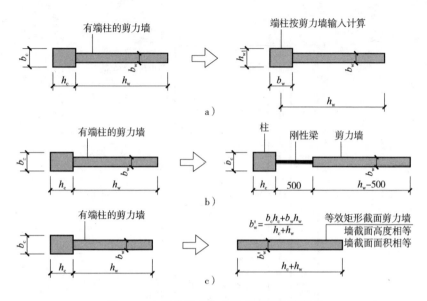

图 7.5　有端柱剪力墙建议采用的计算模型

应。框剪结构中剪力墙的数量较剪力墙结构少，且布置分散，其重要性比剪力墙结构中的墙体要高，因此，有必要加强其整体性。带边框剪力墙的典型平面布置图如图 7.6 所示。《抗规》第 6.5.1 条和《高规》第 8.2.2 条均规定了边框柱的设置要求，其中《高规》第 8.2.2 条-5 要求边框柱截面宜与该榀框架其他柱的截面相同，边框柱应符合《高规》第 6 章有关框架柱构造配筋规定，剪力墙底部加强部位边框柱的箍筋宜沿全高加密，当带边框剪力墙上的洞口紧邻边框柱时，边框柱的箍筋宜沿全高加密，如图 7.7 所示。

（2）边框梁柱设置要求　边框柱与剪力墙端柱不同，端柱主要用来约束墙体并提高墙体平面外的稳定性能，而边框柱主要与梁或暗梁形成闭合的边框，给抗震墙提供平面内约束。与剪力墙重合的框架梁可保留，亦可做成宽度与墙厚相同的暗梁，暗梁截面高度可取墙厚的 2 倍或与该榀框架梁截面等高，暗梁的配筋可按构造配置且应符合一般框架梁相应抗震等级的最小配筋要求。

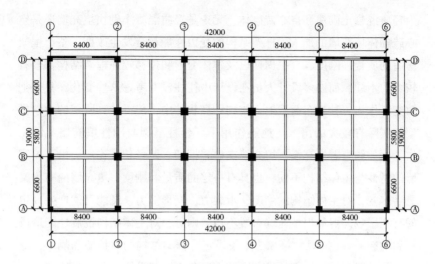

图 7.6　框架-剪力墙结构平面图

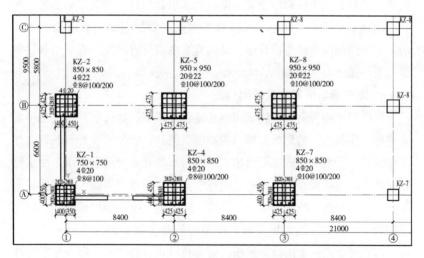

图 7.7　框架-剪力墙边框柱配筋图

7.5　建筑结构填充墙对主体结构的影响

框架结构一般使用填充墙进行房间分割。目前，广泛使用的填充墙为轻质混凝土砌块和空心砖砌体，无论是轻质混凝土砌块填充墙还是空心砖砌体填充墙的加入，框架结构的受力性能都会发生改变，整个框架房屋的质量、刚度、自振周期以及整体变形和位移较纯框架结构都会有较大的不同，而许多设计人员在设计中往往没有考虑这些变化，只是把填充墙作为一种均布荷载输入结构计算软件中，使得计算所用的力学模型与实际有较大的出入。地震作用下，延性框架与刚性填充墙共同工作，框架约束着填充墙，填充墙支撑着框架，两者相互作用。由于填充墙的材性与主体结构不同，也具有一定的质量和刚度，填充墙的布置又灵活多变，对主体结构的刚度、承载力、变形能力、耗能可能产生一定的有利影响。但如果填充墙布置不当，则对会对主体结构抗震性能造成不利的影响。《抗规》第3.7.4条规定：框架结构的围护墙和隔墙，应估计其设置对结构抗震的不利影响，避免不合理设置而导致主体结构的破坏。该条文虽为强制性条文，但一直未引起设计人员的足够重视。另外，填充墙布置不当也会对框架结构实现"强柱弱梁"有着很大的影响。我国结构抗震概念设计中，结构宜有多道抗震防线，其中"强柱弱梁"是一条重要的原则。

1. 填充墙与框架相互作用机理

以框架结构为例，研究表明，在地震作用下，框架填充墙首先是处于整体工作状态，然后填充墙与框架慢慢脱开，整个结构处于一种弹性工作的状态，水平荷载主要由填充墙承担。填充墙出现裂缝后，由于框架对填充墙的约束作用，填充墙仍可承担一定的水平荷载，消耗地震能量，填充墙充当了抗震的第一道防线，此时框架也逐渐出现裂缝。填充墙裂缝连续贯通以后，填充墙在框架的约束作用下仍可承担一定的荷载，但此时荷载主要由框架承担，框架柱弯矩显著增加，慢慢出现塑性铰。由于填充墙的支撑作用，框架柱的塑性铰并非全部位于柱端，在柱高范围内也出现了部分塑性铰，框架柱塑性铰数量继续增加，填充墙被裂缝分割后的各块开始出现滑移，但由于填充墙的存在，可避免框架发生失稳破坏。

2. 刚性填充墙对框架结构抗震性能的影响

1）填充墙对结构刚度的影响。填充墙对主体结构刚度的影响主要表现为对主体结构自振周期的影响，研究表明，框架轻质砌体填充墙的抗侧刚度可达纯框架结构的 10 倍[55]。大量工程实测表明：实际建筑物自振周期短于计算的周期。尤其是有实心砖填充墙的框架结构，实测周期约为计算周期的 50% ~ 60%；剪力墙结构中，由于砖墙数量少，其刚度又远小于钢筋混凝土墙的刚度，实测周期与计算周期比较接近。根据结构动力学，不考虑填充墙时结构周期为：

$$T = 2\pi \sqrt{\frac{m}{k_1}} \tag{7-5}$$

考虑填充墙时，结构周期为：

$$T' = 2\pi \sqrt{\frac{m}{(k_1 + k_2)}} \tag{7-6}$$

$$\frac{T'}{T} = \sqrt{\frac{1}{\left(1 + \frac{k_2}{k_1}\right)}} \tag{7-7}$$

式中　k_1——结构刚度；

　　　k_2——填充墙刚度；

　　　m——结构质量。

由上式可知，填充墙刚度 k_2 一定时，结构刚度越大，周期折减系数越大，则结构自振周期因填充墙的影响而折减得越少，即填充墙对结构自振周期的影响越小。通常，剪力墙的刚度比框架柱刚度大，因此剪力墙结构、框架-剪力墙结构等的周期折减系数要大于框架结构。《高规》第 4.3.17 条规定：当非承重墙体为砌体墙时，高层建筑结构的计算自振周期折减系数可按下列规定取值：①框架结构可取 0.6 ~ 0.7；②框架-剪力墙结构可取 0.7 ~ 0.8；③框架-核心筒结构可取 0.8 ~ 0.9；④剪力墙结构可取 0.8 ~ 1.0。同理，主体结构类型一定时，填充墙刚度越大，周期折减系数越小，则结构自振周期折减的越多，填充墙刚度对结构自振周期的影响越大。而填充墙的刚度与填充墙类型、数量及分布情况有关，填充墙数量越多则刚度越大；而填充墙的布置又影响整体结构平面刚度的均匀性。

2）填充墙对结构抗侧能力的影响。填充墙能增大建筑物抗侧刚度，减小框架结构侧向变形。由于刚性填充墙自身具有较大的抗侧刚度，它的存在提高了建筑物整体刚度，降低了建筑物侧向位移，从而减小了框架结构的地震侧移幅值。

3）改变结构的地震剪力分布状况，减轻主体结构的抗震"负担"。由于刚性填充墙参与抗震，分担了很大一部分水平地震剪力，使框架所承担的楼层地震剪力大大减小。

4）增加建筑抗震防线的层次，有利于形成多道防线。相对于框架而言，刚性填充墙具有较大的初期刚度，建筑物遭受地震前几次较大的脉冲时，填充墙将承担大部分地震作用，随着填充墙刚度退化和强度劣化，框架所承担的地震剪力逐渐增多，框架才渐渐变为主要抗震构件。从这一过程可以看出，刚性填充墙充当了建筑抗震的第一道防线，使框架退居为第二道防线。所以，单就此而论，刚性填充墙的存在，增加了框架结构抗震防线的层次，形成了事实上的多道防线。

5）增加建筑物吸收和耗散地震能量的能力，提高整个建筑的抗震能力。

6）填充墙对结构的不利影响。填充墙对结构的不利影响主要体现在以下三个方面：①填充墙增加了结构的刚度和重量，使得结构的自振周期变短，从而加大了结构所受的地震作用。②填充墙布置不合理容易引起上、下层侧向刚度的突变。刚性填充墙具有较大的抗侧刚度，其布置合理与否，直接影响到框架的剪力分布和整体结构的抗震安全。如图7.8所示某底层商业网点的住宅楼，底层大空间，竖向布置不均匀，形成薄弱楼层，地震作用导致结构变形集中进而破坏；如图7.9所示某沿街商铺，底层横墙多，贯通纵向墙少。③容易使框架柱处于短柱状态。如，框架柱间砖填充墙如果没有砌筑到顶或者说房屋外墙在混凝土柱间局部高度砌墙。

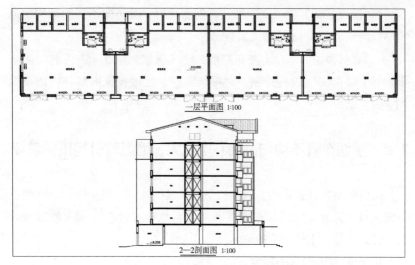

图 7.8 某住宅楼平面图和剖面图

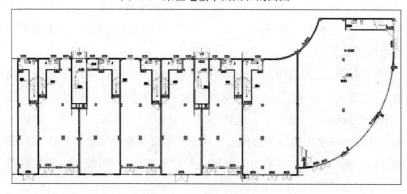

图 7.9 某沿街商铺平面图

3. 采取的构造措施

实际工程中，当出现以上这种上下楼层刚性填充墙布置差异较大的情况时，应采取以下措施：

1）计算时，当不满足上述刚度比的控制要求时，应调整上下墙体的布局，在底部设置必要的抗震墙，同时加强构造措施。或者改变楼层填充墙材质，由刚性填充墙改为轻质隔墙。

2）加强底部楼层框架柱的配筋与构造，避免形成楼层承载力突变。

3）按《抗规》第5.2.5条计算剪重比时，对竖向不规则结构的薄弱层，尚应乘以1.15的增大系数。

4）底部楼层的承载力突变控制，按《抗规》第3.4.3条的"不小于相邻上层80%"进行控制。对沿街商铺，宜增设纵向墙体，或设置构造抗震墙。

7.6 平面布置不均匀，偏心率过大，地震时引起扭转破坏

国内外历次震害表明，当结构平面布置不规则、质量中心与刚度中心偏差较大或者结构的抗扭刚度较小时，地震时会产生较大的扭转效应，使得结构产生较严重的破坏。

1. 规范对偏心率的规定

偏心率属于楼层平面的一个属性，与楼层平面的上下层无关。偏心率控制是判定平面不规则的指标之一（不是竖向不规则）。规范对偏心率的规定如下：

1）《高层民用建筑钢结构技术规程》JGJ 99—2015（以下简称《高钢规》）第3.3.2条、3.3.3条规定，任一层的偏心率大于0.15属于判定平面不规则的指标之一。扭转不规则或偏心布置时，应计入扭转影响，在规定的水平力及偶然偏心作用下，楼层两端弹性水平位移（或层间位移）的最大值与其平均值的比值不宜大于1.5，当最大层间位移角远小于规程限值时，可适当放宽。

2）《抗规》第3.4.3、3.4.4条条文说明中，对扭转不规则的判断，还可依据楼层质量中心和刚度中心的距离用偏心率的大小作为参考方法。但对偏心率未给出具体大小。

3）《审查要点》中同样要求"偏心率大于0.15或相邻层质心相差大于相应边长15%"作为判定不规则的高层建筑工程指标之一。

2. 控制扭转的技术措施

高层建筑产生扭转的主要原因有：

1）结构平面布置时质量中心与刚度中心偏差较大。

2）结构的抗扭刚度相对较小。因此，结构设计中控制扭转的措施也基本以减小刚度中心的偏心率、调整结构的抗扭刚度和抗侧刚度这两点为基本原则。对于质心与刚心的控制，设计人员需要在结构方案阶段，运用概念设计的方法，合理划分结构单元，布置结构抗侧力体系，控制抗侧力刚度，达到控制刚心和质心的位置，使其偏心率在规范规定范围内。在实际工程中，因建筑造型及建筑功能的需要，建筑平面及竖向规则性往往达不到规范中规则建筑的要求，在此情况下，首先尽量与建筑专业协商，修改平面功能，在适当的位置设置抗震缝，将其划分为较简单的几个结构单元。当不设置防震缝时，结构分析模型复杂，连接处局部应力集中需要加强，而且需仔细估计地震扭转效应等可能导致的不利影响。在抗侧力构件的布置中，遵循均匀、分散、对称、周边的原则。尽量避免结构的抗侧刚度在某个地方过于集中。

结构抗扭刚度大小是相对于结构的抗侧刚度而言的。有时结构的抗侧刚度过大，即使结构具有一定的抗扭刚度，也会出现周期比不符合规范要求的现象，此时采取的技术措施主要有：

1）提高结构的抗扭刚度，主要是在结构的四角布置剪力墙，或者加大结构周边抗侧力构件的刚度，如加大边柱截面，加高剪力墙连梁高度。

2）当结构的抗侧刚度足够强时，可以在结构水平位移和层间位移角满足规范要求的前提下，适当减小结构的抗侧刚度，提高结构的平动周期，同时结构扭转为主的第一自振周期 T_1 与平动为主的第一自振周期 T_1 之比也相应减小。

以上两个措施可综合运用，最终的目标是在水平位移满足规范要求的前提下，取得一个较好的抗扭刚度和抗侧刚度的适当比例，而不要随意加大构件截面。

对于结构平面布置中偏心率较大的建筑，虽然可以通过增加结构的抗扭刚度，使结构的周期比和位移比满足规范要求，但从结构布局合理性来说并不是一件好事。这会导致地震作用在结构上引起过大的效应，从而在设计时结构构件截面、配筋均加大，一方面不经济，另一方面导致结构的延性降低，反而不利于抗震。

3. 工程实例

某高层公寓楼，框架-剪力墙结构，地上 16 层，地下 1 层，高度 59.9m。方案初期剪力墙平面布置如图 7.10 所示。

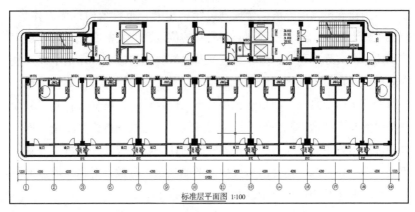

图 7.10　某公寓楼剪力墙平面布置图（调整前）

公寓楼在结构方案初期，①、③、⑱、⑲轴线处未布置剪力墙，偏心率计算结果见表 7.2，周期计算结果见表 7.3。

表 7.2　公寓楼各层刚心、偏心率信息

层号	塔号	Xstif	Ystif	Alf	Eex	Eey
18	1	40.68	15.25	− 0.06	14.61%	9.92%
17	1	40.58	14.83	2.94	17.52%	15.77%
16	1	41.84	15	0	24.34%	21.26%
15	1	42.63	15.18	0	27.93%	22.18%
14	1	41.8	14.99	0	23.60%	21.14%
13	1	42.37	15.11	15.67	26.28%	21.83%
12	1	41.6	14.49	2.79	23.52%	19.55%
11	1	42.29	14.66	1.83	27.07%	20.44%
10	1	41.52	14.46	4.26	23.03%	19.37%
9	1	42.06	14.56	5.35	25.58%	19.95%
8	1	41.6	14.49	2.79	23.52%	19.55%
7	1	42.29	14.66	1.83	27.08%	20.44%

（续）

层号	塔号	Xstif	Ystif	Alf	Eex	Eey
6	1	41.52	14.46	4.26	23.03%	19.37%
5	1	40.72	14.62	22.11	18.94%	19.89%

注：Xstif、Ystif（m）：刚心的 X，Y 坐标值；Alf（Degree）：层刚性主轴的方向；Eex、Eey：
　　X、Y 方向的偏心率。

表 7.3　结构周期及振型方向

振型号	周期 /s	方向角 /(°)	类型	扭振成分	X 侧振成分	Y 侧振成分	总侧振成分	阻尼比
1	2.1106	91.95	Y	1%	0%	99%	99%	5.00%
2	1.9995	2.56	X	1%	99%	0%	99%	5.00%
3	1.9758	142.03	T	98%	2%	1%	2%	5.00%

　　由于该公寓楼平面布置狭长，剪力墙集中布置于北向，导致公寓楼偏心率远大于 0.15，周期比 1.9758/2.1106 = 0.94 > 0.9。因此考虑在南向两端角部增设剪力墙，加强结构的抗扭刚度，经调整后平面图如图 7.11 所示，计算偏心率见表 7.4，前三个周期见表 7.5。

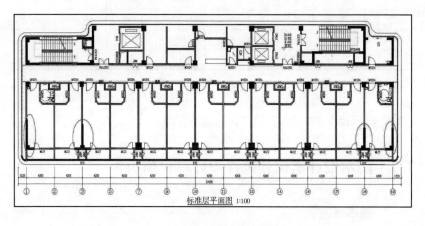

图 7.11　某公寓楼剪力墙平面布置图（调整后）

表7.4 公寓楼各层刚心、偏心率信息（调整后）

层号	塔号	Xstif	Ystif	Alf	Eex	Eey
18	1	37.98	12.95	0.01	3.03%	2.34%
17	1	37.69	12.64	−0.06	4.15%	6.49%
16	1	38.51	12.94	0	7.64%	11.99%
15	1	39.05	13.13	0	9.59%	12.83%
14	1	38.47	12.86	0	7.36%	11.63%
13	1	38.87	13.01	−0.16	8.81%	12.31%
12	1	38.54	12.64	−0.18	7.79%	11.05%
11	1	39.03	12.86	−0.19	9.72%	12.00%
10	1	38.48	12.59	−0.18	7.56%	10.83%
9	1	38.86	12.72	−0.18	8.97%	11.39%
8	1	38.54	12.64	−0.18	7.79%	11.05%
7	1	39.03	12.86	−0.19	9.72%	12.00%
6	1	38.48	12.59	−0.18	7.56%	10.83%

表7.5 结构周期及振型方向（调整后）

振型号	周期/s	方向角/(°)	类型	扭振成份	X侧振成分	Y侧振成分	总侧振成分	阻尼比
1	1.9827	92.01	Y	0%	0%	100%	100%	5.00%
2	1.8913	2.19	X	1%	99%	0%	99%	5.00%
3	1.5177	156.41	T	99%	1%	0%	1%	5.00%

可见，采取的措施有效提高了结构的抗扭刚度，计算偏心率小于0.15，周期比0.77＜0.9，结构计算结果合理。

7.7 防水设计水位和抗浮设计水位辨析

1. 基本概念

（1）防水设计水位　防水设计水位指地下水的最大水头，主要用于确定建筑外防水和地下室的抗渗等级。《地下工程防水技术规范》GB

50108—2008（以下简称《防水规》）第3.1.3条规定：地下工程的防水设计，应根据地表水、地下水、毛细管水等的作用，以及由于人为因素引起的附近水文地质改变的影响确定。单建式的地下工程，宜采用全封闭、部分封闭的防排水设计；附建式的全地下或半地下工程的防水设防高度，应高出室外地坪高程500mm以上。

（2）抗浮设防水位 抗浮设防水位可分为施工期抗浮设防水位和使用期抗浮设防水位。主要应用于抗浮概念设计中。《建筑工程抗浮技术标准》JGJ 76—2019（以下简称《抗浮标准》）第2.1.12条规定：建筑工程在施工期和使用期内满足抗浮设防标准时可能遭遇的地下水最高水位，或建筑工程在施工期和使用期内满足抗浮设防标准最不利工况组合时地下结构底板底面上可能受到的最大浮力按静态折算的地下水水位。

2. 两者区别与联系

由于抗浮设防水位并非永久性、真实存在的恒定现象，需要考虑一定的重现周期（安全设防基准期），而抗浮稳定性验算和抗浮设计也需要具有一定的安全储备，因此称之为"设防水位"。工程实践上，"设计水位"与"设防水位"有关联也有区别。"设计水位"是在设计基准期内影响地下结构防水、防渗设计的地表水及地下水的水位，并结合区域自然条件、场地水文及地质条件、历史水位记录及近年来的水位变化、设计基准期水位变化预测等确定的"预估"水位。同一个工程因不同功能、环境等要求可能存在多个设计水位，通常与室外地坪持平；而"抗浮设防水位"与工程的稳定安全要求程度相关，同时也蕴涵着"设防"的理念，可以理解为：将构成地下水浮力的各类压力等效为作用在地下结构底板下的静水压力而计算出的水头高度（"水位"），即抗浮设防水位不一定是实际存在但可能出现的水位。因此，虽两者均与地下水关联，但主要应用的对象和对工程功能、安全的影响却不同。由于工程结构设计人员往往习惯于简单地将用于防水、防渗设计的"防水设计水位"与用于抗浮稳定分析和抗浮治理设计的"抗浮设防水位"等同，而要求勘察阶段提供"抗浮设防水位"，实际操作中极易引起误解和争议，甚至形成安全隐患。

3. 抗浮设防水位的确定

抗浮设防水位的确定是抗浮设计的主要内容之一。近年来，因地下水位上升导致建设工程浮起、地下结构破坏的工程较多，特别是贵州某中心医院地下停车场部分墙、柱、梁裂开和山东的某城 4 号楼地下室底板隆起、开裂、积水以及浙江某厂房地下室隆起民事判决案引起了很大反响，使抗浮设计成为焦点。抗浮设防水位定得太高，工程费用增加，造成浪费；定得太低，建筑工程发生上浮破坏，后果又很严重。那么，究竟如何确定抗浮设防水位？确定抗浮设防水位要考虑哪些因素呢？抗浮设防水位不是勘察期间实测到的场地最高水位，也不完全是历史上观测记录到的历史最高水位，而是工程施工和使用期间可能遇到的最高水位，是根据场地条件和当地经验预测的、未来可能出现的一个水位，因此要考虑多种影响因素。由于我国幅员辽阔，场地工程地质、水文地质条件千差万别，要统一规定一个抗浮设防水位确定方法非常困难，甚至是不可能的事情。从确定抗浮设防水位的合理性角度，不宜完全依靠岩土工程勘察报告提出抗浮设防水位的建议值。场地岩土工程勘察或专项勘察确定的抗浮设防水位建议值存在下列天然的缺陷：

1）场地岩土工程勘察重点在于对场地的岩土工程性质的勘探，并非能完全查明对工程抗浮影响显著的场地水文地质条件。

2）场地岩土工程勘察仅是短期行为，无法在短时间内能收集和查清长期地下水位的变化状态和变化规律。

3）根据目前的建设工程实际状况，场地岩土工程勘察期间，勘察单位无法全面掌握尚未完全确定的建筑设计和功能要求，以及基础埋置深度等基本技术条件信息，更无法对后续可能出现的抗浮问题进行基本评价。

4）确定抗浮设防水位时需要对能收集到的场地已有资料进行充分分析，并结合长期监测成果进行对比或验证，而目前的勘察市场环境和建设周期的短暂性需求，场地岩土工程勘察单位根本不具有获取较完整、全面的相关资料完成此项特殊工作的条件。鉴于上述原因，规范仅根据工程经验给出比较原则的确定方法，详见表 7.6。

表 7.6　抗浮设防水位确定方法

依据规范	确定方法
《抗浮标准》	5.3.2 条：施工期抗浮设防水位应取下列地下水水位的最高值： 1）水位预测咨询报告提供的施工期最高水位。 2）勘察期间获取的场地稳定地下水水位并考虑季节变化影响的最不利工况水位。 3）考虑地下水控制方案、邻近工程建设对地下水补给及排泄条件影响的最不利工况水位。 4）场地近 5 年内的地下水最高水位。 5）根据地方经验确定的最高水位。 5.3.3 条：使用期抗浮设防水位应取下列地下水水位的最高值： 1）地区抗浮设防水位区划图中场地区域的水位区划值。 2）水位预测咨询报告提供的使用期最高水位。 3）与设计使用年限相同时限的场地历史最高水位。 4）与使用期相同时限的场地地下水长期观测的最高水位。 5）多层地下水的独立水位、有水力联系含水层的最高混合水位。 6）对场地地下水水位有影响的地表水系与设计使用年限相同时限的设计承载水位。 7）根据地方经验确定的最高水位。
《高岩土标》	8.6.2 条：抗浮设防水位的综合确定宜符合下列规定： 1）抗浮设防水位宜取地下室自施工期间到全使用寿命期间可能遇到的最高水位。该水位应根据场地所在地貌单元、地层结构、地下水类型、各层地下水水位及其变化幅度和地下水补给、径流、排泄条件等因素综合确定；当有地下水长期水位观测资料时，应根据实测最高水位以及地下室使用期间的水位变化，并按当地经验修正后确定。 2）施工期间的抗浮设防水位可按勘察时实测的场地最高水位，并根据季节变化导致地下水位可能升高的因素，以及结构自重和上覆土重尚未施加时，浮力对地下结构的不利影响等因素综合确定。 3）场地具有多种类型地下水，各类地下水虽然具有各自的独立水位，但若相对隔水层已属饱和状态、各类地下水有水力联系时，宜按各层水的混合最高水位确定。 4）当地下结构邻近江、湖、河、海等大型地表水体，且与本场地下水有水力联系时，可按地表水体百年一遇高水位及其波浪雍高，结合地下排水管网等情况，并根据当地经验综合确定抗浮设防水位。 5）对于城市中的低洼地区，应根据特大暴雨期间可能形成街道被淹的情况确定，对南方地下水位较高、地基土处于饱和状态的地区，抗浮设防水位可取室外地坪高程。

4. 肥槽回填构造要求

实际设计中，当地下室底板位于黏土层、岩层等不透水层时，由于黏性土层中的水以孔隙水为主，勘察报告无法提出抗浮设防水位，因此有些工程未考虑抗浮问题。对于勘察期间未见地下水但地下室处于不透水或弱透水层黏性土地基时，设计时仍应采取一定的抗浮措施，防止使用期间基坑肥槽积水并渗入底板形成水盆效应，导致底板上浮影响地下室的正常使用。由于施工过程中，地下室基坑护壁与地下室之间即基坑肥槽的回填密实度一般都不高，时间久了地表水会慢慢渗入肥槽累积，使地下室漂浮于基坑形成的"水池"中，造成地下室底板反拱、地下室填充墙开裂、甚至梁柱节点开裂等现象。目前，采用阻排法可经济有效地解决不透水层中地下室的抗浮问题。阻排法由"阻"和"排"两种施工工艺组成。"阻"即控制回填密实度和渗水性，目标是在可接受的经济条件下尽可能减少地表水渗入基坑。"阻"是关键，因此隔水层密实度必须严格控制。"排"即把渗水排出肥槽，防止基坑回填不密实造成水位不断升高。采用阻排法后，地下室底板和侧壁可不再考虑水压力的作用。阻排法需要建筑、结构、给水排水和电气等专业相互配合，统一协调，共同解决所遇到的问题。阻排法中设置的集水坑应沿地下室外墙周边设置，间距一般控制在40m左右。阻排法由于自身工法要求，在施工过程中需要同时满足以下条件：

1）地下室周边和基坑底部在土层的竖向分布上应全部是弱透水或不透水层并且没有通向基坑底部的暗沟、排水管等过水通道。

2）建筑物周围在可预见的将来不会出现会破坏基坑周围不透水性的情况，如增加外连的地下通道等。

3）地下室室内沿侧墙周边间隔40m左右配置有自动抽水泵的集水坑，且应要求相关专业保证可靠供电。

应当注意的是，当建设场地处于山坡地带且高差较大时，如通过大范围土方平整后再修建地下室且地下室底部仍处于填土层或透水层内，则可能会出现勘察期间未发现有地下水，但由于建设行为改变了原有场地排水条件而实际形成地下积水的情况，此时阻排法将不再可靠有效。设计人员应要求勘察单位提供可能出现的地下水位，并采取其他方法（如设置抗浮锚杆等）进行抗浮设计。一般工程可按图7.12所示的阻排法进行肥槽填土构造[58]。

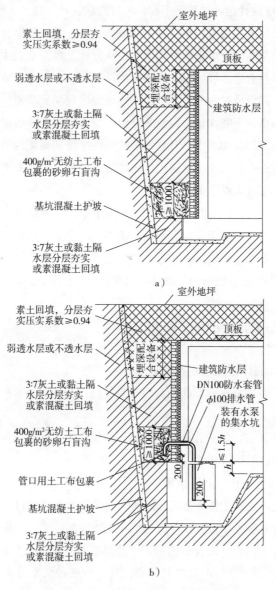

图 7.12　阻排法肥槽回填构造示意图

a) 无集水坑地下室侧墙防水做法　b) 有集水坑地下室侧墙防水做法

185

5. 抗浮设计总结

1）抗浮设计是一项系统工程，贯穿勘察设计、施工、使用三阶段，同时抗浮设计又类似于结构工程中的概念设计，是一种结合基础理论与实践经验的基本设计原则和思想，是由从分析工程需求到生成概念设计产品的一系列有序、可组织、有目标的设计活动，是利用概念并以其为主线贯穿全部设计过程的设计方法，体现着由模糊到清晰、由抽象到具体、由粗到精、不断深化、完整而全面的设计过程，并通过概念将设计者繁复的感性和瞬间思维上升到统一的理性思维从而完成整个设计。在工程建设过程中，无论是结构设计还是抗浮设计，实际上无时无刻不在贯穿和执行着概念设计的方法。

2）建议在设计总说明中增设抗浮设计专篇，为保障抗浮设防水位的有效性，需要对后期设计、施工及使用提出要求。虽然许多抗浮事故表现为结构破坏，但责任不一定是结构设计人员，有时候结构总说明的一句话就能避免一场法律纠纷的责任，所以设计深度也很重要。

7.8 抗浮锚杆与抗浮桩辨析

1. 抗浮锚杆和抗浮桩的概念

（1）抗浮锚杆 锚固在地基中与地下结构底板共同承担地下水浮力的抗拔构件。

（2）抗浮桩 设置在地基中与地下结构底板共同承担地下水浮力或上部结构荷载的抗拔构件。

2. 抗浮锚杆和抗浮桩辨析

我国抗浮工程中作为竖向锚固构件的主要有抗浮锚杆和抗浮桩。目前，在工程界抗浮锚杆与抗浮桩的概念比较混乱。我国工程中习惯上认为，小直径为锚杆，大直径为桩。《建筑桩基技术规范》JGJ 94—2008（以下简称《桩规》）中对桩的分类，其中按桩径大小分类为：小直径桩 $d \leqslant 250mm$，中等直径桩 $250 < d \leqslant 800mm$，大直径桩 $d > 800mm$。由上可知，按直径分类，抗浮桩完全可覆盖抗浮锚杆。从施工工艺和锚固体材料来说，抗浮锚杆和抗浮桩还是存在一定差异的。

随着施工设备及工艺改进，出现了扩体型锚杆，一般采用机械扩孔、高压射水冲孔、爆破扩孔等方式在锚杆底端进行扩孔。清孔后下入锚筋并灌注水泥浆或水泥砂浆，为提高扩大头承载力也可进行二次高压劈裂灌浆，锚固体直径可扩大至 500mm 甚至 800mm。为了使小断面锚杆的耐久性（锚固体抗裂验算和杆体腐蚀）问题得以顺利解决，并能采用《建筑地基基础设计规范》GB 50007—2011（以下简称《基规》）和《桩规》中相应的计算方法保证其耐久性，规范将"锚杆"耐久性设计给出了同"桩"一样的相关设计方法。

3. 抗浮锚杆的布置

抗浮锚杆的布置决定着地下结构底板的受力状态和抗浮作用的贡献，有些工程在不明确是增加整体抗浮稳定性还是仅增加局部抗浮稳定性，或不考虑抗浮锚杆不同位置所受浮力不同、产生变形不同而采用均匀布置，甚至在整体抗浮稳定不足的情况下仅布置在抗浮板中部，此类工程事故屡见不鲜。因此，抗浮锚杆的布置应综合考虑确定。在满足地下结构整体抗浮稳定的基础上，还需考虑抗浮锚杆的布置形式可能影响结构底板的受力及变形，以及可能引起局部抗浮不足或底板开裂等问题。常见布置形式有：

1）集中式布置。一般用于局部抗浮，主要来自抗浮桩的理念，即将抗浮桩集中布设在墙柱下及其周围，其优点是可利用柱下及墙下基础较高的承载力进行荷载传递，基础锚固可靠，受力路径简单，同时可考虑抗压工况的承载力要求，但前提是整体抗浮稳定性应满足要求；此时，基础底板柱间跨中区域浮力需靠结构底板传递，底板受力及局部弯曲较大，造成底板厚度加大，适合地下水浮力不大、抗浮桩数量少的情况，特别是有抗压要求的情况。对于抗浮锚杆而言，由于刚度小及其单向受拉的特点，一般不宜采用这种布置模式（图 7.13）。

2）分布式布置。主要用于整体抗浮或上部荷载分布差异不大的区域。即将抗浮锚杆均匀布置，或布置在墙柱之间。其优点是可以根据地下结构底板上部荷载的不均匀分布与浮力的平衡关系，利用抗浮锚杆进

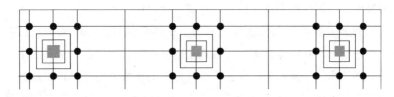

图 7.13 抗浮锚杆集中式布置

行荷载合理平衡，达到整体抗浮稳定的要求，并使底板受力更小和更为均匀，变形及裂缝控制更为理想；采用预应力锚杆分布式布置形式，变形控制效果较好，也有利于预应力的施加作业（图 7.14）。

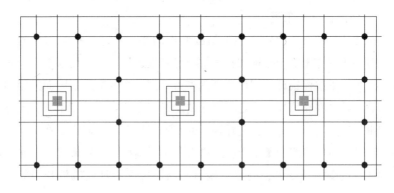

图 7.14 抗浮锚杆分布式布置

具体采用何种布设形式，应根据上部荷载、地下水浮力、地基承载力、结构墙柱跨度及基础刚度、抗浮锚杆承载能力等，按上部结构—基础—地基—抗浮锚杆共同作用理念进行设计，考虑荷载平衡、刚度调平最为经济和有效。

第8章 抗震支吊架概念设计

根据《抗规》第13.4.3条和《建筑机电工程抗震设计规范》GB 50981—2014（以下简称《机电抗规》）中第1.0.4条规定，抗震设防烈度为6度及6度以上地区的建筑机电工程设施必须进行抗震设计。地震破坏会导致结构的破坏，如建筑的梁、柱和墙等主要受力构件；也会导致非结构构件的破坏，如建筑机电设施、水管、风管、电缆桥架等。特别是地震后机电系统中管道纵向拉伸断裂，水管破坏引发水灾等，会造成人员伤亡和财产的巨大损失。实际工程中，有些设备专业人员不重视机电设施的抗震设计内容，设备图纸中抗震内容不全。由于非结构构件的抗震是建立于结构抗震基础之上，而抗震支吊架的安装施工是基于建筑机电系统设计图纸。因其设备管线复杂、设计图纸信息不充分，以及其对建筑物的主体结构依赖性强，导致后续施工安装中常出现"错、漏、碰、缺"等现象。

8.1 抗震支吊架与传统承重支吊架的区别

传统的支吊架系统是以重力为主要荷载的支撑系统，仅承受竖向荷载，其本身存在两个缺点：一是侧向摆动大，容易破坏临近设施，甚至脱落；二是水平地震作用下缺乏支撑结构。而抗震支吊架主要承担管线水平方向的载荷，其特点是：首先布设抗震支吊架，改变管线系统动力特性，由柔变刚，地震作用下响应明显变小；其次，改变抗震支吊架处的重力吊架的受力，进而改变其设计、选型、加劲、锚固等；再者，抗震支吊架分纵向、横向支吊架，其受力、布设、锚固等涉及结构专业、暖通、给水排水和电气等多专业协调统一。

（1）针对的荷载不同 承重支吊架以重力荷载为主要荷载，针对的是管道系统在满负荷运转时的竖直方向重力荷载;而抗震支吊架以地震力为主要荷载,针对的是管道系统遭遇抗震设防烈度地震时的水平地震荷载。二者的相同点是,都是通过支吊架将管道本身所受荷载传递到建筑结构上。

(2) 基本原理不同 承重支架的基本原理是:通过对机电管道的满负荷重力荷载进行计算校核,选用适当的连接构件,使管道所受竖直方向的重力可靠地传递到建筑结构上,通常也会考虑因管道晃动、流体流动、热效应等产生的轻微水平荷载;抗震支架的基本原理是:通过对机电管线及设备的地震力进行计算,并对管线及设备与建筑结构体的连接进行抗震加固后的抗震验算,使机电管线及设备与建筑结构体建立可靠连接,将机电管线及设备承受的地震作用全部传递到结构体上,使其遭遇到设防烈度的地震影响后能迅速恢复运转。

(3) 支撑形式不同 承重支吊架与抗震支吊架的形式近似,按所支撑管道的不同可分为:水管系统支架、风管系统支架、电气系统支架、多管组合支架;按支架外形特点又可分为:圆管单管支架与门型支架。抗震支吊架与承重支吊架的主要不同点是,设置了具有抵抗水平位移作用的侧向支撑与纵向支撑。

(4) 两种支吊架涉及的管道系统不同 承重支吊架设置范围:几乎所有专业、规格、材质的管道(埋地及埋墙除外)。抗震支吊架设置范围:抗震设防烈度 6 度及 6 度以上地区 DN32mm 及以上管径的锅炉房、空调机房及水泵房管路;DN65mm 及以上管径的所有给水、热水、消防管路;15kg/m 及以上的所有管道门型吊架(考虑悬挂管线的满负荷重量);所有防排烟系统管道直径大于等于 0.70m 的圆形风管;截面积大于等于 0.38m^2 的矩形风管;DN65mm 及以上管径的电线套管;15kg/m 及以上的电线套管、电缆桥架、母线槽。

(5) 两种支吊架在地震中的破坏度不同 中国台湾成功大学黄乔俊对南投县埔里镇一停车场喷淋管道进行了模拟地震测试,结果显示,加装了抗震支吊架的喷淋主管,其侧向及纵向位移量都能控制在 50mm 以内,只加装承重支吊架的喷淋主管,其侧向位移量最大峰值达到 450mm

以上，纵向位移量达到 250mm。从测试数据可以得出，加装抗震支撑系统的管路的各点位移比未安装抗震支撑的管路降低 5 ~ 10 倍。

8.2　抗震支吊架设计应用范围及布置要求

1. 给水排水抗震设计

（1）抗震措施　8、9 度地区的高层建筑的给水、排水立管，其直线长度超过 50m 时宜采取抗震动措施；其直线长度超过 100m 时，应采取抗震动措施；8、9 度地区建筑物中的给水泵等设备应设防振基础，且应在基础四周设限位器固定，限位器应经计算确定。

（2）应用范围

1）悬吊管道中重力大于 1.8kN 的设备。

2）管径大于等于 DN65 的室内给水、热水以及消防管道。

3）当管道中安装的附件自身质量大于 25kg 时，应设置侧向及纵向抗震支吊架。

4）8 度、9 度地区的高层建筑的给水、排水立管，其直线长度超过 50m 时宜采取抗震措施，其直线长度超过 100m 时，应采取抗震措施。

（3）间距要求　抗震支吊架的最大间距详见表 8.1。

表 8.1　给水管道抗震支吊架最大间距

管道类别		抗震支吊架最大间距/m		备注
		侧向	纵向	
给水、热水及消防管道	新建工程刚性连接金属管道	12.0	24.0	改建工程最大抗震加固间距为表中数值的一半
	新建工程柔性连接金属管道；非金属管道及复合管道	6.0	12.0	

2. 电气抗震设计

（1）抗震措施　重要电力设施可按设防烈度提高 1 度进行抗震设

计，但 8 度及以上时不再提高；设在建筑物屋顶上的共用天线等，应设置防止因地震导致设备或其部件损坏后坠落伤人的安全防护措施。

（2）应用范围

1）悬吊管道中重力大于 1.8kN 的设备。

2）内径大于等于 60mm 的电气配管及重力大于等于 150N/m 的电缆梯架、电缆槽盒、母线槽。

3）当管道中安装的附件自身质量大于 25kg 时，应设置侧向及纵向抗震支吊架。

（3）间距要求　电线套管及电缆梯架、电缆托盘和电缆盒等抗震支吊架的最大间距详见表 8.2。

表 8.2　电线电缆抗震支吊架最大间距

管道类别		抗震支吊架最大间距/m		备注
		侧向	纵向	
电线套管及电缆梯架、电缆托盘和电缆盒	新建工程刚性材质电线套管、电缆梯架、电缆托盘和电缆槽盒	12.0	24.0	改建工程最大抗震加固间距为表中数值的一半
	新建工程非金属材质电线套管、电缆梯架、电缆托盘和电缆槽盒	6.0	12.0	

3. 暖通空调及燃气抗震设计

（1）抗震措施　锅炉房、制冷机房、热交换站内的管道应有可靠的侧向和纵向抗震支撑，多根管道共用支吊架或管径≥300mm 的单根管道支吊架宜采用门型抗震支吊架；防排烟风道、事故通风风道及相关设备应采用抗震支吊架。

（2）应用范围

1）悬吊管道中重力大于 1.8kN 的设备。

2）矩形截面面积≥0.38m^2 和圆形直径≥0.70m 的风道。

3）内径≥25mm 的燃气管道。

4）当管道中安装的附件自身质量大于 25kg 时，应设置侧向及纵向抗震支吊架。

5）在建筑高度大于 50m 的建筑内，燃气管道应根据建筑抗震要求，在适当的间隔设置抗震支撑。

（3）间距要求　暖通空调及燃气管道抗震支吊架的最大间距见表 8.3。

表 8.3　暖通空调及燃气管道抗震支吊架最大间距

管道类别		抗震支吊架最大间距/m		备注
		侧向	纵向	
燃气、热力管道	新建燃油、燃气、医用气体、真空管、压缩空气管、蒸汽管、高温热水管及其他有害气体管道	6.0	12.0	改建工程最大抗震加固间距为表中数值的一半
通风及排烟管道	新建工程普通刚性材质风管	9.0	18.0	
	新建工程普通非金属材质风管	4.5	9.0	

8.3　抗震支吊架设计原则

1. 抗震支吊架的设计要求

1）每段水平直管道应在两端设置侧向抗震支吊架。

2）当两个侧向抗震支吊架间距大于最大设计间距时，应在中间增设侧向抗震支吊架。

3）每段水平直管道应至少设置一个纵向抗震支吊架，当两个纵向抗震支吊架距离大于最大设计间距时，应按规范规定间距依次增设纵向抗震支吊架。

4）抗震支吊架的斜撑与吊架的距离不得大于 0.1m。

5）刚性连接的水平管道，两个相邻的抗震支吊架间允许纵向偏移值。应符合下列规定：①水管及电线套管不得大于最大侧向支吊架间距的 1/16；②风管、电缆梯架、电缆托盘和电缆槽盒不得大于其宽度的两倍。

6）水平管道应在离转弯处 0.6m 范围内设置侧向抗震支吊架。当斜撑直接作用于管道时，可作为另一侧管道的纵向抗震支吊架，且距下一纵向抗震支吊架间距应按下式计算：

$$L = \frac{(L_1 + L_2)}{2} + 0.6 \tag{8-1}$$

式中　　L——距下一纵向抗震支吊架间距（m）；

　　　　L_1——纵向抗震支吊架间距（m）；

　　　　L_2——侧向抗震支吊架间距（m）。

　　例如，纵向抗震支吊架最大间距24m，侧向抗震支吊架最大间距12m，则双向抗震支吊架距下一纵向抗震支吊架间距为：$L = (24 + 12)/2 + 0.6 = 18.60$（m）。

　　7）当水平管道通过垂直管道与地面设备连接时，管道与设备之间应采用柔性连接，水平管道距垂直管道0.6m范围内设置侧向支撑，垂直管道底部距地面大于0.15m处应设置抗震支撑。

2. 单管抗震支吊架布置要求

（1）构造连接　单管抗震支吊架构造连接如图8.1所示。

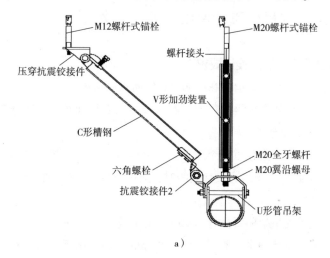

a）

图8.1　单管抗震支吊架图

a）单管侧向抗震支吊架

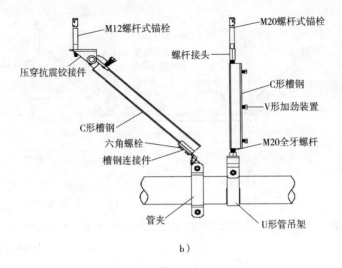

图 8.1 单管抗震支吊架图（续）

b）单管纵向抗震支吊架

（2）布置原则

1）连接立管的水平管道应在靠近立管 0.6m 范围内设置第一个抗震吊架。

2）当立管长度大于 1.8m 时，应在其顶部及底部设置四向抗震支吊架。当立管长度大于 7.6m 时，应在中间加设抗震支吊架。

3）当立管通过套管穿越结构楼层时，可设置抗震支吊架。

4）当管道中安装的附件自身质量大于 25kg 时，应设置侧向及纵向抗震支吊架。

3. 门型抗震支吊架布置要求

（1）构造连接 门型抗震支吊架构造连接如图 8.2 所示。

（2）布置原则

1）门型抗震支吊架至少应有一个侧向抗震支撑或两个纵向抗震支撑。

2）同一承重吊架悬挂多层门型吊架的，应对承重吊架分别独立加固并设置抗震斜撑。

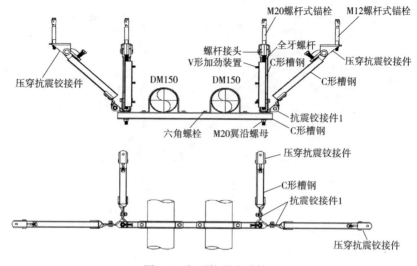

图 8.2　门型抗震支吊架图

3）门型抗震支吊架侧向及纵向斜撑应安装在上层横梁或承重吊架连接处。

4）当管道上的附件质量大于25kg且与管道采用刚性连接时，或附件质量为9～25kg且与管道采用柔性连接时，应设置侧向及纵向抗震支撑。

8.4　抗震支吊架的设计流程和步骤

建筑机电抗震，指的是管道、风道、电缆桥架等机电设施的设计抗震，在标准颁布之前，国内对于机电设施的保护，沿用的都是承重支撑系统，主要起到承重的作用，基本上没有考虑抗震设计，给系统安全带来很大的隐患。而《建筑机电工程抗震设计规范》GB 50981—2014（以下简称《机抗规》）所列明应采取的措施、技术，则定义为抗震支撑系统，以力学为基础，将管道、风道、电缆桥架等机电设施牢固连接于已做抗震设计的建筑体，限制附属机电工程设施产生位移，控制设施振动，并将荷载传递至承载结构上的各类组件或装置。其抗震支撑的主要目的就是安全，这类产品称之为抗震支吊架。

1. 抗震支吊架的设计流程

1）确定抗震设计范围。

2）按规范要求布设支架。

3）考虑构造要求绘制支架节点。

4）根据地震水平力进行受力校核。

2. 抗震支吊架的设计步骤

1）确定抗震支吊架的位置和取向。

2）确定设计荷载要求。

3）选择正确的抗震支架形状、尺寸以及最大长度。基于抗震支架与结构的连接布置、架杆与垂直方向的夹角以及计算出的设计荷载，选择抗震支架的类型、尺寸以及最大长度。

4）根据步骤2）的设计荷载和架杆与垂直方向的夹角，选择适当的紧固件类型和规格将抗震支架固定在建筑物结构上。

8.5 抗震支吊架地震作用计算方法

准确计算建筑抗震支吊架的地震作用是其抗震设计的基础问题。《机抗规》给出了建筑抗震支吊架地震作用的计算方法：等效侧力法和楼面反应谱法。

1. 等效侧力法

等效侧力法的实质是拟静力分析方法，根据《机抗规》第 3.4.5 条，当采用等效侧力法时，水平地震作用标准值宜按下式计算：

$$F = \gamma \eta \zeta_1 \zeta_2 \alpha_{max} G \tag{8-1}$$

式中 F——沿最不利方向施加于机电工程设施重心处的水平地震作用标准值；

γ——非结构构件功能系数；

η——非结构构件类别系数；

ζ_1——状态系数：对支承点低于质心的任何设备和柔性体系宜取

2.0，其余情况可取1.0；

ζ_2——位置系数，建筑的顶点宜取2.0，底部宜取1.0，沿高度线性分布；对结构要求采用时程分析法补充计算的建筑，应按其计算结果调整；

α_{max}——地震影响系数最大值，可按《机抗规》第3.3.5条中多遇地震的规定采用；

G——非结构构件的重力，应包括运行时有关的人员、容器和管道中的介质及储物柜中物品的重力。

对式（8-1）进行简化，可以得出：

$$F = \alpha_{Ek} G \qquad (8-2)$$

式中 α_{Ek}——水平地震力综合系数（该系数小于1.0时，按照1.0取值）。

式（8-2）表明，水平地震作用力实际上就是水平地震力综合系数与非结构构件重力的乘积。而对于非结构构件的重力，《机抗规》第8.2.1条规定，水平地震力应按额定负荷时的重力荷载计算。例如，给水管道可根据管道公称直径查找满水管道重量表（表8.4）中对应的管道重量，依照抗震支吊架负荷范围计算重力。工程算例如下（取12m间距）：管道DN100，管道外径114mm，按照满水钢管计算重量。查表8.4可知DN100保温管道满水重量为20.92kg/m，$G = 20.92 \times 9.8 \times 12 \times 10^{-3} = 2.45 (kN)$。

表8.4 保温管道满水重量计算表

管道规格	管道外径/mm	壁厚/mm	管道内径/mm	管道重/(kg/m)	保温材料重/(kg/m)	水重/(kg/m)	总重/(kg/m)
DN10	17	2.25	12.5	0.81	0.28	0.12	1.21
DN15	21.3	2.75	15.8	1.25	0.31	0.20	1.76
DN20	26.8	2.75	21.3	1.62	0.35	0.36	2.33
DN25	33.5	3.25	27	2.41	0.40	0.57	3.39
DN32	42.3	3.25	35.8	3.11	0.47	1.01	4.59
DN40	48	3.5	41	3.82	0.51	1.32	5.65
DN50	60	3.5	53	4.85	0.60	2.21	7.66

（续）

管道 规格	管道外径 /mm	壁厚 /mm	管道内径 /mm	管道重 /(kg/m)	保温材料重 /(kg/m)	水重 /(kg/m)	总重 /(kg/m)
DN65	75.5	3.75	68	6.59	0.72	3.63	10.94
DN80	88.5	4.0	80.5	8.28	0.82	5.09	14.19
DN100	114	4.0	106	10.78	1.31	8.82	20.92
DN125	140	4.5	131	14.94	1.56	13.48	29.97
DN150	159	4.5	150	17.04	1.73	17.67	36.44
DN200	219	6.0	207	31.32	2.30	33.65	67.27
DN250	273	7.0	259	45.63	2.81	52.69	101.12
DN300	325	8.0	309	62.14	3.30	74.99	140.43
DN350	377	9.0	359	81.16	3.79	101.22	186.17
DN400	426	9.0	408	91.97	4.25	130.74	226.96
DN450	478	9.0	460	103.43	4.74	166.19	274.36
DN500	529	10.0	509	127.18	5.22	203.48	335.88
DN600	630	10.0	610	151.93	6.17	292.25	450.35

　　等效侧力法计算简便，非常适合设计人员掌握和使用，是《机抗规》用于计算建筑抗震支吊架地震作用的主要推荐方法。然而，等效侧力法由于是拟静力分析方法，计算精度存在较大的误差。根据文献［70］［71］的研究成果，当附属系统的基本周期在 0.06s 到 1.4 倍的建筑物基本周期范围内时，式（8-1）计算的地震作用偏小，应采用楼面反应谱法进行附属系统的抗震设计。《机抗规》第 3.4.4 条规定，建筑机电设备（含支架）的基本周期大于 0.1s，且重力大于所在楼层重力的 1%，或建筑机电设备的重力大于所在楼层重力的 10% 时，不宜采用等效侧力法，宜进入整体结构模型进行抗震计算，也可采用楼面反应谱法计算。其中，与楼盖非弹性连接的设备，可直接将设备与楼盖作为一个质点计入整个结构的分析中得到设备所受的地震作用。上述两种情况都指出了等效侧力法在某些情况下计算结果偏小的问题。但对于建筑抗震支吊架来说，一般情况下基本周期很小，采用等效侧力法计算的地震作用明显大于楼面反应谱法的计算结果，导致式（8-1）计算的地震作

用过于保守。如文献 [70] 中给出了等效侧力法和楼面反应谱法的对比，当附属系统的自振周期小于 0.06s 时，等效侧力法计算的地震作用相比楼面反应谱法普遍增大 40% ~ 50%。

2. 楼面反应谱法

楼面反应谱计算的基本方法是随机振动法和时程分析法，当非结构构件的材料与主体结构体系相同时，可直接利用一般的时程分析软件得到；当非结构构件的重力很大，或其材料阻尼特性与主体结构明显不同，或在不同楼层上有支点，需采用能考虑这些因素的技术软件进行计算。楼面反应谱实质是安装在某楼面上的具有不同自振周期和阻尼的单自由度体系对楼面地震反应时程的最大值的均值组成的曲线[70]。根据《机抗规》第 3.4.7 条规定，当采用楼面反应谱法时，建筑机电工程设施或构件的水平地震作用标准值宜按下式计算：

$$F = \gamma \eta \beta_s G \tag{8-2}$$

式中　β_s——建筑机电工程设施或构件的楼面反应谱值。

楼面反应谱的建立可以分为两个阶段。第一代楼面反应谱将主结构和附属设施直接解耦，不考虑附属设施对主体结构的动力反作用，导致楼面反应谱误差过大[72]。为了准确考虑附属设施对主体结构的质量比、谐振效应、非经典阻尼、多支座激励等因素，建立了第二代楼面反应谱，准确考虑主结构和附属设施组成的组合系统的地震反应[73]。楼面反应谱的建立可以采用时程分析法或者随机振动法。采用时程分析法建立楼面反应谱时，需要根据设防烈度、场地类别和设计地震分组选取一系列地震波，计算不同自振周期的抗震支吊架安装在某楼面上的最大加速度反应，进而采用统计方法建立楼面反应谱。采用时程分析法的计算量过大，限制了工程应用。采用随机振动法直接利用地面反应谱建立楼面反应谱，虽然计算效率高，但是理论上较为困难，并且常用有限元分析软件无法建立楼面反应谱，同样也限制了工程应用。更为重要的是，无论是时程分析法或者随机振动法所建立的楼面反应谱都是针对某一建筑结构的某一楼层，工程普适性较差。对于不同的建筑结构及其不同的楼层，其楼面反应谱理论上都是不同的。

第9章 结构设计审查表格清单

葛文德在《清单革命》[67]一书中认为，人类的错误主要分为两类：一类是"无知之错"，一类是"无能之错"。"无知之错"是因为我们没有掌握正确知识而犯下的错误，"无能之错"是因为我们掌握了正确知识，但却没有正确使用而犯下的错误。笔者从事施工图审查工作二十多年以来，每年审查几百个项目，所有的结构设计（如结构体系、结构布置、地基基础方案、荷载取值、结构计算、电算总信息、钢筋混凝土构造等）均存在或多或少或大或小的问题，整体指标和构件配筋不满足规范要求的情况更是时有发现，可以说没有一个工程的计算总信息是完全正确的。特别是结构设计中需要在软件进行结构计算分析前设置各种参数，但各类参数的设置及正确取值对设计人员来讲是一个很大的工作量，并且对结构设计新人或规范不太熟悉的设计人员需要花大量的时间找到对应的规范条文，再去确定相应的设计参数，一方面效率很低，更重要的是有可能造成漏项，导致结构设计存在安全隐患。而一套针对施工图审查人员的结构设计审查清单，不仅提高了审查人员的工作效率，更重要的是保证结构设计按照规范执行，避免漏审强条。使用清单，就是为大脑搭建起一张"安全防护网"，它能够弥补我们记忆的规范缺陷，如理解的片面性和表面性。下面给出的结构设计参数及结果校审清单不是僵化的教条，而是实用的技术体系，将在复杂的结构设计中大大提高工作效率及质量。设计人员可在实际应用中根据具体工程项目特点，增补其中内容，并尽最大可能把计算参数和软件计算结果通过表格清单方式系统展示，避免各类遗漏及错误，加深对规范的熟悉程度，最终提高结构设计的安全度。

9.1 结构设计总说明表单

结构设计总说明是结构设计文件的重要组成部分，对结构设计的质量起着统领的作用，直接关连着结构计算和构造措施，决定着结构的安全，必须予以高度重视。但由于各方面的原因，在实际工程设计中，却常常出现结构设计说明不能很好地表述设计意图，如套用别的结构说明，采用废止规范规程、设计 ±0.00 标高所对应的绝对标高未明确，建筑分类等级混乱或错误等情况，给工程质量埋下了隐患。设计总说明中应说明的建筑分类等级共有十几个，每个等级含义不同，是结构设计的关键数据，分类等级错误将导致结构不安全。

1. 地上工程结构设计说明中重要参数表单

1）结构的设计使用年限：5 年、25 年、50 年、100 年（普通房屋为 50 年）。

2）建筑结构安全等级：一级、二级、三级（一般为二级）。

3）地基基础设计等级：甲级、乙级、丙级。

4）建筑抗震设防类别：甲类、乙类、丙类、丁类（一般为丙类）。

5）建筑抗震设防烈度：6 度、7 度、8 度、9 度。

6）建筑房屋抗震等级：一级、二级、三级、四级。

7）建筑的场地类别：I_0、I_1、Ⅱ、Ⅲ、Ⅳ。

8）地面粗糙度类别：A、B、C、D。

9）抗浮工程设计等级：甲级、乙级、丙级。

10）地下工程防水等级：一级、二级、三级、四级。

11）建筑桩基设计等级：甲级、乙级、丙级。

12）民用建筑耐火等级：一级、二级、三级、四级（地下和一类高层建筑应为一级）。

13）绿色建筑星级等级：一星级（60 分）、二星级（70 分）、三星级（85 分）。

14）钢材表面除锈等级：Sa（喷射清理）、St（手工和动力工具清理）、F1（火焰清理）。

15）混凝土结构的环境类别：一、二 a、二 b、三 a、三 b、四、五。

16）砌体施工质量控制等级：A 级、B 级、C 级。

为了便于设计和审查人员使用方便，参考网上一些资料，特制做成表 9.1 ~ 表 9.3，供设计和审图时使用。结构设计和审查人员可根据具体工程对这些表单进行补充修改，以便更好地发挥其作用。

表 9.1　地上工程结构设计说明中重要参数表单

结构类型	□框架　□框架-剪力墙 □剪力墙	结构高度	± 0.000 =
设计使用年限	□50 年　□100 年	《可靠性标准》第 3.3.3 条	学校、医院等人员密集场所执行中震防发［2009］49 号文 □是　□否
结构安全等级	□一级　□二级	《可靠性标准》第 3.2.1 条	
抗震设防类别	□甲类　□乙类 □丙类	《设防标准》第 3.0.2 ~ 4 条	
抗震设防烈度	□6 度　□7 度　□8 度	《抗规》附录 A 《地震区划图》	
设计地震分组	□第一组　□第二组 □第三组		
地震加速度值	□0.05g　□0.10g □0.15g　□0.20g		
结构抗震等级	□一级　□二级 □三级　□四级	《抗规》第4.1.6条，《高规》第3.9.3条； 《设防标准》第3.0.3条，《抗规》第3.3.2 ~ 3条	
抗震措施等级	□一级　□二级　□三级		
建筑场地类别	□I₀　□I₁　□Ⅱ □Ⅲ　□Ⅳ	《抗规》第4.1.6条	《勘察报告》： □提供　□未提供
基础设计等级	□甲级　□乙级　□丙级	《基规》第3.0.1条	
结构环境类别	□一　□二 a　□二 b	《混规》第3.5.2条	地上卫生间、地下、露天

（续）

建筑耐火等级	□一级　□二级 □三级	《建规》第 6.1.2 条	地下和一类高层建筑应为一级
地下防水等级	□一级　□二级	《地下防水规》第 3.2.1 条	配电间应为一级；地下车库应为二级

表 9.2　地上工程结构设计说明中荷载取值参数表单

基本风压	《荷载规》附表 E.5 《荷载规》第 7.1.2 条	地面粗糙度 □A　□B　□C　□D	《高规》第 4.2.2 条：$H \geq 60$ 米时，基本风压乘以 1.10
基本雪压		重现期 □50 年　□100 年	
楼屋面活荷载 /(kN/m²)	《荷载规》表 5.1.1 《技术措施》（结构体系）表 F.1-5	住宅和办公：2.0；电梯机房：7.0 卫生间和阳台：2.5；商业：3.50 走廊和楼梯：3.5；电梯前室：3.5 上人屋面：2.0；种植屋面：3.0	空调机房：8.0；消防控制室：5.0 管道夹层：4.0；储藏室：5.0 变配电室、发电机房：10
消防车荷载 /(kN/m²)	《荷载规》第 5.1.1 条 《荷载规》附录 B	覆土≤1.5m，取 20；覆土=2.0m，取 18；覆土=2.5m，取 16；覆土=3m，取 14	当消防车为 550kN 时，应将表中数值乘以 1.17（双向板不小于 6m×6m）
墙体荷载 /(kN/m²)	加气混凝土砌块（≤6.5kN/m³）：100 厚取 2.0；200 厚取 3.0；空心砌块（≤8kN/m³）：190 厚取 3.0；灰砂砖（≤18kN/m³）：200 厚取 5.0；混凝土小型空心砌块（≤12kN/m³）：200 厚取 3.5		按每侧 20mm 面层；门窗取 0.5kN/m²

表 9.3　地下工程结构设计参数表单

基础形式	□独基　□桩基　□筏板	地下水位	冻结深度	顶板覆土厚度
消防车荷载 /(kN/m²)	《荷载规》第 5.1.1 条 《荷载规》附录 B	覆土≤1.5m 时，取 20；覆土=2.0m 时，取 18；覆土=2.5m 时，取 16；覆土=3m 时，取 14	当消防车为 550kN 时，应将表中数值乘以 1.17（双向板不小于 6m×6m）	
基础埋置深度	《基规》第 5.1.4 条 《高规》第 12.1.8 条、12.3.4 条、12.3.6 条	箱形、筏形基础和复合地基≥H/15；桩基或桩筏基础≥H/18	《防腐蚀标准》第 4.8.3 条：腐蚀性介质导致地基土产生膨胀时，埋置深度≥2m；有腐蚀性介质泄漏作用时，埋置深度≥1.5m	

（续）

抗浮设计水位	《抗浮标准》第5.1.1~5.1.5条	勘察报告中应明确提出防水设计水位和抗浮设计水位	对拟采用的抗浮设防水位有异议时，宜通过专项论证进行确定
抗浮设计等级	□甲级　□乙级　□丙级	《抗浮标准》第3.0.1条	依据抗浮设计等级选取稳定安全系数
抗浮设计措施	□抗浮板　□压重　□锚杆	《抗浮标准》第7.1节	地下室配重土（压实）取较小值15kN/m²
地下水腐蚀性	□强　□中　□弱	《防腐蚀标准》第4、5章	基础表面防腐做法
沉降观测设置	□是　□否	《基规》第10.3.8条；《变测规》第3.1.1条、7.1.2条	沉降监测点设置：建筑的四角、核心筒四角、大转角处及沿外墙每10~20m处或每隔2~3根柱基上
地基变形设计	□甲级　□乙级	变形限值	《基规》第3.0.2条、5.3.1条、5.3.4条
基础最小配筋	《基规》第8.2.1条	扩展基础受力钢筋最小配筋率$\rho \geq 0.15\%$，底板受力钢筋的最小直径$\geq 10mm$，间距不应大于200mm，也不应小于100mm	
高层筏板基础	《高规》第12.3.4条、12.3.6条	筏板厚度$\geq 400mm$，筏板配筋$\geq \phi 12@150~300mm$	
地下室外墙	《基规》第8.4.5条	外墙$\geq 250mm$，内墙$\geq 200mm$；竖向水平筋$\geq \phi 12@ \leq 200$	主动土压力系数0.33，静止土压力系数0.5，地下一层按静止土压力计算
	《高规》第12.2.5条	竖向和水平分布筋应双层双向@$\leq 150mm$，$\rho \geq 0.3\%$	
地下室顶板	□普通　□嵌固	《高规》第3.6.3条《抗规》第6.1.14条	嵌固部位顶板厚$\geq 180mm$，双层双向配筋，每层每个方向的配筋率$\rho \geq 0.25\%$；普通地下室顶板厚$\geq 160mm$，双层双向钢筋$\rho \geq 0.20\%$

9.2 结构计算软件常用表单

结构计算软件常用表单见表9.4。

表9.4 结构设计计算参数表单

计算软件 □PKPM □YJK □MIDAS □其他	版本号	编制单位
周期折减系数	《高规》第4.3.17条	当非承重墙体为砌体墙时，自振周期折减系数取值：框架结构可取 0.6~0.7；框架-剪力墙结构可取0.7~0.8；框架-核心筒结构可取 0.8~0.9；剪力墙结构可取 0.8~1.0 附加地震个数最多5个
振型个数≥max｛15, 塔楼数 X9｝	《高规》第5.2.2条、5.1.13条	
双向地震/偶然偏心	《抗规》第5.1.1条	
斜交抗侧力构件参数	《抗规》第5.1.1条	
连梁刚度折减系数	《高规》第5.2.1条	6，7 度取 ≥0.70；8、9度取≥0.50
嵌固端所在层号	《抗规》第6.1.14条；《高规》第5.3.7条	地下室顶板作为上部结构嵌固部位时：$K_上/K_下 \leq 0.50$
全楼刚性楼板假定	□采用 □不采用 □整体指标	采用时仅适用于规则结构的位移比、周期比、刚度比计算
整体计算考虑楼梯刚度	□考虑 □不考虑 □包络设计	《抗规》第3.6.6条
嵌固端以下抗震构造措施、抗震等级	□降低 □不降低	《抗规》第 6.1.3-3 条：地下一层以下可逐层降低一级，但不应低于四级

9.3 结构计算结果校核表单

结构计算结果校核表单见表9.5。

表9.5　结构设计结果参数表单

质量比	《高规》第3.5.6条	楼层质量/相邻下部楼层质量≤1.5
最小刚度比1	《抗规》第3.4.3-2条；《高规》第3.5.2-1条	该层的侧向刚度小于相邻上一层的70%，或小于其上相邻三个楼层侧向刚度平均值的80%
最小刚度比2	《高规》第3.5.2-2条	对非框架结构，楼层与其相邻上层的侧向刚度比，本层与相邻上层的比值不宜小于0.9；当本层层高大于相邻上层层高的1.5倍时，该比值不宜小于1.1；对结构底部嵌固层，该比值不宜小于1.5
最小楼层受剪承载力比值	《高规》第3.5.3条	A级高度建筑的楼层抗侧力结构的层间受剪承载力不宜小于其相邻上一层受剪承载力的80%，不应小于其相邻上一层受剪承载力的65%；B级高度建筑的楼层抗侧力结构的层间受剪承载力不应小于其相邻上一层受剪承载力的75%
结构自振周期/s	《高规》第3.4.5条	A级高层：$T_n/T_1 \le 0.9$；A级混合及B级高层：$T_n/T_1 \le 0.85$
有效质量系数	《高规》第5.1.13条	有效质量系数≥90%
最小剪重比	《抗规》第5.2.5条	7度（0.10g）区，水平地震影响系数最大值为0.08，X向楼层剪重比不应小于1.60%
最大层间位移角	《高规》第3.7.3条	框剪结构（$H \le 150$m）：$\Delta u/h \le 1/800$；高层建筑（$H > 250$m）：$\Delta u/h \le 1/500$
最大位移比、最大层间位移比	《抗规》第3.4.3-1条；《高规》第3.4.5条	A级高度建筑：位移比≤1.2，不应大于1.5；B级高度建筑、超过A级高度的混合结构、复杂高层建筑≤1.2，不应大于1.4
刚重比	《高规》第5.4.4-1条	剪力墙结构、框架-剪力墙结构、筒体结构刚重比应≥1.4，当刚重比≥2.7时可以不考虑重力二阶效应；框架结构刚重比应≥10，当刚重比≥20时可以不考虑重力二阶效应

9.4 结构设计构造参数表单

结构设计构造参数表单见表9.6。

表 9.6 结构设计构造参数表单

混凝土强度等级	一级抗震等级框架梁柱、筒体结构、嵌固部位地下室楼盖，≥C30；转换层楼板、转换梁、转换柱、箱形转换结构以及转换厚板，≥C30；预应力混凝土结构、型钢混凝土梁柱，≥C30；地上室内环境，≥C25	《混规》第3.5.3、4.1.2条；《抗规》第3.9.2.2条；《高规》第3.2.2条
底部加强部位高度	起算位置：地下室顶板。$H>24m$ 时，取 max$\{H/10,$ 底部两层$\}$；$H≤24m$ 时取底部一层；部分框支结构取 max$\{H/10,$ 框支层+框支层以上两层$\}$；当嵌固端位于地下一层的底板或以下时，底部加强部位向下延伸到计算嵌固端	《抗规》第6.1.10条；《高规》第7.1.4、10.2.2条
约束边缘构件	竖向钢筋：一级 max$\{0.012Ac,$ $8\phi16\}$，二级 max$\{0.010Ac,$ $6\phi16\}$，三级 max$\{0.010Ac,$ $6\phi14\}$。箍筋或拉筋沿竖向的间距：一级 100mm，二、三级 150mm	《抗规》第6.4.5-2条；《高规》7.2.15-2、3条
构造边缘构件	竖向钢筋：一级 max$\{0.008Ac,$ $6\phi14\}$，二级 max$\{0.006Ac,$ $6\phi12\}$，三级 max$\{0.005Ac,$ $4\phi12\}$，四级 max$\{0.004Ac,$ $4\phi12\}$；箍筋或拉筋沿竖向的间距：一级 $\phi8@150$，二级 $\phi8@200$，三级 $\phi6@200$，四级 $\phi6@250$	《抗规》第6.4.5-2条；《高规》第7.2.16
底部加强区构造边缘构件	竖向钢筋：一级 max$\{0.010Ac,$ $6\phi16\}$，二级 max$\{0.008Ac,$ $6\phi14\}$，三级 max$\{0.006Ac,$ $6\phi12\}$，四级 max$\{0.005Ac,$ $4\phi12\}$；箍筋沿竖向间距：一级 $\phi8@100$，二级 $\phi8@150$，三级 $\phi6@150$，四级 $\phi6@200$	《抗规》第6.4.5-1条；《高规》第7.2.16条

9.5 钢筋混凝土结构设计常见的违反条文清单

钢筋混凝土结构设计中常见的违反条文见表9.7。

表 9.7　钢筋混凝土结构常见的违反条文表单

常见问题	规范条文	违反条文的内容
框架梁配筋	《抗规》第 6.3.3 条	梁端截面的底面和顶面纵向钢筋配筋量的比值：一级≥0.5，二、三级≥0.3；当梁端纵向受拉钢筋配筋率大于2%时，箍筋最小直径数值应增大 2mm
混凝土保护层厚度	《混规》第 8.2.12 条	构件中受力钢筋的保护层厚度不应小于钢筋的公称直径 d，设计使用年限为 50 年的混凝土结构，最外层钢筋的保护层厚度应符合《混规》表 8.2.1 的规定；设计使用年限为 100 年的混凝土结构，最外层钢筋的保护层厚度不应小于规定数值的 1.4 倍。混凝土强度等级不大于 C25 时，保护层厚度数值应增加 5mm；钢筋混凝土基础中钢筋的混凝土保护层厚度应从垫层顶面算起，且不应小于 40mm
剪力墙连梁配筋	《高规》第 7.2.27 条	（1）连梁顶面、底面纵向水平钢筋深入墙肢的长度，抗震设计时≥l_{aE}，非抗震设计时≥l_a，且均不应小于 600mm （2）抗震设计时，沿连梁全长箍筋的构造应符合框架梁梁箍筋加密区的箍筋构造要求；非抗震设计时，沿连梁全长的箍筋≥φ6mm，间距@≤150mm （3）顶层连梁纵向水平钢筋伸入墙肢的长度范围内应配置箍筋，箍筋间距@≤150mm，直径应与该连梁的箍筋直径相同 （4）连梁高度范围内的墙肢水平分布钢筋应在连梁内拉通作为连梁的腰筋。连梁截面高度大于 700mm 时，其两侧面腰筋≥φ8mm，间距@≤200mm；跨高比大于 2.5 的连梁，其两侧腰筋的总面积配筋率不应小于 0.3%
筒中筒外框筒梁和内筒连梁构造配筋	《高规》第 9.3.7 条	（1）非抗震设计时，箍筋≥φ8mm；抗震设计时，箍筋≥φ10mm （2）非抗震设计时，箍筋间距@≤150mm；抗震设计时，箍筋间距沿梁长不变，且@≤100mm，当梁内设置交叉暗撑时，箍筋间距@≤200mm （3）框筒梁上、下纵向钢筋直径≥φ16mm，腰筋直径≥φ10mm，腰筋间距@≤200mm
转换梁配筋	《高规》第 10.2.7 条	（1）转换梁上、下部纵向钢筋的最小配筋率，非抗震设计时 ρ≥0.30%；抗震设计时，特一级、一级、和二级 ρ≥0.60%、ρ≥0.50% 和 ρ≥0.40% （2）离柱边 1.5 倍梁截面高度范围内的梁箍筋应加密，加密区箍筋直径≥φ10mm、间距@≤100mm （3）偏心受拉的转换梁的支座上部纵向钢筋至少应有 50% 沿梁全长贯通，下部纵向钢筋应全部直通到柱内；沿梁腹板高度应配置间距不大于 200mm、直径不小于 16mm 的腰筋

（续）

常见问题	规范条文	违反条文的内容
转换柱配筋	《高规》第10.2.10条	（1）柱内全部纵向钢筋配筋率应符合框支柱的规定 （2）抗震设计时，转换柱箍筋应采用复合螺旋箍或井字复合箍，并应沿柱全高加密，箍筋直径≥φ10mm，箍筋间距@≤100mm 和 6 倍纵向钢筋直径的较小值 （3）抗震设计时，转换柱的箍筋配箍特征值应比普通框架柱要求的数值增加 0.02 采用，且箍筋体积配箍率不应小于 1.5%
抗震墙构造配筋	《抗规》第6.4.3条	（1）一、二、三级抗震墙的竖向和横向分布钢筋最小配筋率均不应小于 0.25%，四级抗震墙分布钢筋最小配筋率不应小于 0.20%。高度小于 24m 且剪压比很小的四级抗震墙，其竖向分布筋的最小配筋率应允许按 0.15% 采用 （2）部分框支抗震墙结构的落地抗震墙底部加强部位，竖向和横向分布钢筋配筋率均不应小于 0.3%
柱的箍筋配置	《抗规》第6.3.9条	（1）柱的箍筋加密范围： 1）柱端 max{截面高度、柱净高的 1/6 和 500mm} 2）底层柱的下端不小于柱净高的 1/3 3）刚性地面上下各 500mm 4）剪跨比≤2 的柱、柱净高与柱截面高度之比≤4 的柱、框支柱、一级和二级框架的角柱，取全高 （2）柱箍筋加密区的箍筋肢距，一级@≤200mm，二、三级@≤250mm，四级@≤300mm （3）柱箍筋非加密区箍筋间距，一、二级框架柱不应大于 10 倍纵向钢筋直径，三、四级框架柱不应大于 15 倍纵向钢筋直径
扶壁柱和暗柱	《高规》第7.1.6条	（1）设置沿楼面梁轴线方向与梁相连的剪力墙时，墙的厚度不宜小于梁的截面宽度 （2）设置扶壁柱时，其截面宽度不应小于梁宽，其截面高度可计入墙厚 （3）墙内设置暗柱时，暗柱的截面高度可取墙的厚度，暗柱的截面宽度可取梁宽加 2 倍墙厚 （4）楼面梁的水平钢筋应伸入剪力墙或扶壁柱，伸入长度应符合钢筋锚固要求 （5）暗柱或扶壁柱应设置箍筋，箍筋直径，一、二、三级时≥φ8mm，四级及非抗震时≥φ6mm，且均不应小于纵向钢筋直径的 1/4；箍筋间距，一、二、三级时@≤150mm，四级及非抗震时@≤200mm

（续）

常见问题	规范条文	违反条文的内容
地下室顶板	《抗规》第 6.1.14 条	作为上部结构嵌固部位的地下室顶板：其楼板厚度不宜小于 180mm，混凝土强度等级不宜小于 C30，应采用双层双向配筋，且每层每个方向的配筋率不宜小于 0.25%。地下室顶板对应于地上框架柱的梁柱节点： 1）地下一层柱截面每侧纵向钢筋不应小于地上一层柱对应纵向钢筋的 1.1 倍，且地下一层柱上端和节点左右梁端实配的抗震受弯承载力之和应大于地上一层柱下端实配的抗震受弯承载力的 1.3 倍 2）地下一层梁刚度较大时，柱截面每侧的纵向钢筋面积应大于地上一层对应柱每侧纵向钢筋面积的 1.1 倍；同时梁端顶面和底面的纵向钢筋面积均应比计算增大 10% 以上

9.6　钢结构设计常见的违反条文清单

钢结构设计中常见的违反条文见表 9.8。

表 9.8　钢结构设计常见的违反条文表单

常见问题	规范条文	违反条文的内容
钢结构设计说明	《钢标》第 3.1.13 条	钢结构设计文件应注明螺栓防松构造要求、端面刨平顶紧部位、钢结构最低防腐蚀设计年限和防护要求及措施、对施工的要求。对焊接连接，应注明焊缝质量等级及承受动荷载的特殊构造要求；对高强度螺栓连接，应注明预拉力、摩擦面处理和抗滑移系数；对抗震设防的钢结构，应注明焊缝及钢材的特殊要求
基本雪压	《荷载规》第 7.1.2 条	基本雪压应采用 50 年重现期的雪压；对雪荷载敏感的结构，应采用 100 年重现期的雪压（对雪荷载敏感的结构主要是指大跨、轻质屋盖结构）
阻尼比取值	《抗规》第 8.2.2 条	（1）多遇地震下的计算，高度不大于 50m 时可取 0.04；高度大于 50m 且小于 200m 时，可取 0.03；高度不小于 200m 时，宜取 0.02 （2）当偏心支撑框架部分承担的地震倾覆力矩大于结构总地震倾覆力矩的 50% 时，其阻尼比可比本条 1 款相应增加 0.005 （3）在罕遇地震下的弹塑性分析，阻尼比可取 0.05

（续）

常见问题	规范条文	违反条文的内容
节点域验算	《抗规》第8.3.5条	当节点域的腹板厚度不满足《抗规》第8.2.5条第2、3款的规定时，应采取加厚柱腹板或采用贴焊补强板的措施
节点连接焊缝	《抗规》第8.3.6条	梁与柱刚性连接时，柱在梁翼缘上下各500mm的范围内，柱翼缘与柱腹板或箱形柱壁板间的连接焊缝应采用全熔透坡口焊缝
材料选用	《钢标》第4.3.2条	承重结构所用的钢材应具有屈服强度、抗拉强度、断后伸长率和硫、磷含量的合格保证，对焊接结构尚应具有碳当量的合格保证。焊接承重结构以及重要的非焊接承重结构采用的钢材应具有冷弯试验的合格保证；对直接承受动力荷载或需验算疲劳的构件所用钢材尚应具有冲击韧性的合格保证
螺栓连接	《钢标》第11.5.3条，11.5.4条	直接承受动力荷载构件的螺栓连接应符合： (1) 抗剪连接时应采用摩擦型高强度螺栓 (2) 普通螺栓受拉连接应采用双螺帽或其他能防止螺帽松动的有效措施 高强度螺栓连接设计应符合： (1) 采用承压型连接时，连接处构件接触面应清除油污及浮锈 (2) 高强度螺栓承压型连接不应用于直接承受动力荷载的结构
钢结构的防火设计	《钢火规》第3.1.1条、3.1.2条、3.1.3条、3.1.4条、3.2.1条	(1) 钢结构构件的设计耐火极限应根据建筑的耐火等级，按现行国家标准《建规》的规定确定。柱间支撑的设计耐火极限应与柱相同，楼盖支撑的设计耐火极限应与梁相同，屋盖支撑和系杆的设计耐火极限应与屋顶承重构件相同 (2) 钢结构构件的耐火极限经验算低于设计耐火极限时，应采取防火保护措施 (3) 钢结构节点的防火保护应与被连接构件中防火保护要求最高者相同 (4) 钢结构的防火设计文件应注明建筑的耐火等级、构件的设计耐火极限、构件的防火保护措施、防火材料的性能要求及设计指标 (5) 钢结构应按结构耐火承载力极限状态进行耐火验算与防火设计

9.7 门式刚架设计常见的违反条文清单

门式刚架设计中常见的违反条文见表9.9。

表 9.9 门式刚架设计常见的违反条文表单

常见问题	规范条文	违反条文的内容
《门规》适用范围	《门规》第1.0.2条	《门规》适用于房屋高度不大于18m，房屋高宽比小于1，承重结构为单跨或多跨实腹门式刚架、具有轻型屋盖、无桥式吊车或起重量不大于20t的A1～A5工作级别桥式吊车或3t悬挂式起重机的单层钢结构房屋
基本雪压	《门规》第4.3.1条	基本雪压应按《荷载规》中规定的100年重现期的雪压采用
堆积雪荷载	《门规》第4.3.3条	当高低屋面及相邻房屋屋面高低满足 $(h_r - h_b)/h_b > 0.2$ 时，应考虑雪的堆积和漂移
梁平面外计算长度	《门规》第7.1.6条注	屋面斜梁的平面外计算长度取两倍檩距，似乎已成了一个默认的选项，有设计人员因此而认为隔撑可以间隔布置，这是不对的。本条特别强调隔撑不能作为梁的固定的侧向支撑，不能充分地给梁提供侧向支撑，而仅仅是弹性支座。根据理论分析，隔撑支撑的梁的计算长度不小于2倍隔撑间距
纵向支撑设置	《门规》第8.3.4条	对设有带驾驶室且起重量大于15t桥式吊车的跨间，应在屋盖边缘设置纵向支撑；在有抽柱的柱列，沿托架长度应设置纵向支撑
柱间支撑设置	《门规》第8.2.5条	当无吊车时，柱间支撑间距宜取30～45m，端部柱间支撑宜设置在房屋端部第一或第二开间。当有吊车时，吊车牛腿下部支撑宜设置在温度区段中部，当温度区段较长时，宜设置在三分点内，且支撑间距不应大于50m。牛腿上部支撑设置原则与无吊车时的柱间支撑设置相同
屋面和墙面外板	《门规》第11.14条、11.1.5条	屋面及墙面板的材料性能应符合： （1）采用热镀锌基板的镀锌量不应小于275g/m²，并应采用涂层，采用镀铝锌基板的镀铝锌量不应小于150g/m² （2）屋面及墙面外板的基板厚度不应小于0.45mm，屋面及墙面内板的基板厚度不应小于0.35mm
钢结构防护	《门规》第12.1.2条、12.1.3条	钢结构防护层设计使用年限不应低于5年；使用中难以维护的钢结构构件，防护层设计使用年限不应低于10年，钢结构设计文件中应注明钢结构定期检查和维护要求

（续）

常见问题	规范条文	违反条文的内容
柱基础二次浇筑	《门规》第14.2.4条	柱基础二次浇筑的预留空间，当柱脚铰接时不宜大于50mm，柱脚刚接时不宜大于100mm
门式刚架安装	《门规》第14.2.5条	门式刚架轻型房屋钢结构在安装过程中，应及时安装屋面水平支撑和柱间支撑。采取措施对于保证施工阶段结构稳定非常重要，临时稳定缆风绳就是临时措施之一。要求每一施工步完成时，结构均应具有临时稳定的特征。安装过程中形成的临时空间结构稳定体系应能承受结构自重、风荷载、雪荷载、施工荷载以及吊装过程冲击荷载的作用
主构件的安装顺序	《门规》第14.2.6条	（1）安装顺序宜先从靠近山墙的有柱间支撑的两端刚架开始。在刚架安装完毕后应将其间的檩条、支撑、隔撑等全部装好，并检查其垂直度。以这两榀刚架为起点，向房屋另一端顺序安装 （2）刚架安装宜先立柱子，将在地面组装好的斜梁吊装就位，并与柱连接 （3）钢结构安装在形成空间刚度单元并校正完毕后，应及时对柱底板和基础顶面的空隙采用细石混凝土二次浇筑

9.8 地基基础设计常见的违反条文清单

地基基础设计中常见的违反条文见表9.10。

表9.10 地基基础设计常见的违反条文表单

常见问题	规范条文	违反条文的内容
场地和地基	《抗规》第3.3.2条、3.3.3条	（1）建筑场地为Ⅰ类时，对甲、乙类的建筑应允许仍按本地区抗震设防烈度的要求采取抗震构造措施；对丙类的建筑应允许按本地区抗震设防烈度降低一度的要求采取抗震构造措施，但抗震设防烈度为6度时仍应按本地区抗震设防烈度的要求采取抗震构造措施 （2）建筑场地为Ⅲ、Ⅳ类时，对设计基本地震加速度为0.15g和0.30g的地区，宜分别按抗震设防烈度8度（0.20g）和9度（0.40g）时各抗震设防类别建筑的要求采取抗震构造措施

（续）

常见问题	规范条文	违反条文的内容
筏形基础	《高规》第12.3.4条、12.3.7条	（1）平板式筏基的板厚不宜小于400mm （2）筏形基础应采用双向钢筋网片分别配置在板的顶面和底面，受力钢筋直径≥ϕ12mm，钢筋间距不宜小于150mm，也不宜大于300mm
桩的布置	《高规》第12.3.12条	（1）等直径桩的中心距≥3倍桩横截面的边长或直径；扩底桩中心距≥扩底直径的1.5倍，且两个扩大头间的净距不宜小于1m （2）桩径为d的桩端全截面进入持力层的深度，对于黏性土、粉土不宜小于2d；砂土不宜小于1.5d；碎石类土不宜小于1d。当存在软弱下卧层时，桩端下部硬持力层厚度不宜小于4d。抗震设计时，桩进入碎石土、砾砂、粗砂、中砂、密实粉土、坚硬黏性土的深度尚不应小于0.5m，对其他非岩石类土尚不应小于1.5m
地基基础设计	《基规》第3.0.2条	设计等级为甲级、乙级的建筑物，均应按地基变形设计
填土地基	《基规》第6.3.1条	当利用压实填土作为建筑工程的地基持力层时，对拟压实的填土提出质量要求。未经检验查明以及不符合质量要求的压实填土，均不得作为建筑工程的地基持力层
扩展基础构造	《基规》第8.2.1条	基础受力钢筋最小配筋率不应小于0.15%，底板受力钢筋的最小直径≥ϕ10mm，间距不应大于200mm，也不应小于100mm。墙下钢筋混凝土条形基础纵向分布钢筋的直径≥ϕ8mm；间距不应大于300mm。当柱下钢筋混凝土独立基础的边长和墙下钢筋混凝土条形基础的宽度大于或等于2.5m时，底板受力钢筋的长度可取边长或宽度的0.9倍，并宜交错布置
承台之间的连接	《基规》第8.5.23条	单桩承台，应在两个互相垂直的方向上设置连系梁，两桩承台，应在其短向设置连系梁，有抗震要求的柱下独立承台，宜在两个主轴方向设置连系梁。连系梁顶面宜与承台位于同一标高。连系梁的宽度不应小于250mm，梁的高度可取承台中心距的1/10~1/15，且不小于400mm。连系梁的主筋应按计算要求确定。连系梁内上下纵向钢筋直径不应小于12mm且不应少于2根，并应按受拉要求锚入承台

（续）

常见问题	规范条文	违反条文的内容
桩身完整性检验要求	《基规》第10.2.15条	直径大于800mm的混凝土嵌岩桩应采用钻孔抽芯法或声波透射法检测，检测桩数不得少于总桩数的10%，且不得少于10根，且每根柱下承台的抽检桩数不应少于1根。直径不大于800mm的桩以及直径大于800mm的非嵌岩桩，采用钻孔抽芯法、声波透射法或动测法进行检测。检测的桩数不应少于总桩数的10%，且不得少于10根
桩竖向承载力检验	《基规》第10.2.16条	复杂地质条件下的工程桩竖向承载力的检验应采用静载荷试验，检验桩数不得少于同条件下总桩数的1%，且不得少于3根
沉降变形观测	《基规》第10.3.8条	下列建筑物应在施工期间及使用期间进行沉降变形观测： 1）地基基础设计等级为甲级建筑物 2）软弱地基上的地基基础设计等级为乙级建筑物 3）处理地基上的建筑物 4）加层、扩建建筑物 5）受邻近深基坑开挖施工影响或受场地地下水等环境因素变化影响的建筑物 6）采用新型基础或新型结构的建筑物

9.9 结构专业施工图自校清单

（1）施工图校对主要针对以下四个方面问题：

1）"错"：数据、尺寸、计算等。

2）"漏"：深度、尺寸等。

3）"碰"：专业配合与协调统一。

4）"缺"：图纸深度达不到要求。

（2）核对内容包括以下几个方面：

1）核对计算书。

2）核对数据：定位尺寸、截面尺寸、标高、配筋等。

3）核对设计深度。

4）核对专业配合及管线综合。

5）核对是否符合设计依据。

（3）核对详细内容见表 9.11。

表 9.11　结构专业施工图自校表单

检查内容		结论
	1.1 设计依据是否正确、齐全	☐
	1.2 使用的设计规范、规程，是否适用于本工程，是否为有效版本	☐
	1.3 工程名称及设计号与建筑图是否一致	☐
	1.4 图纸名称、编号与图纸目录是否一致	☐
	1.5 所有说明是否合理、通顺、清晰、有无错别字，总说明与图纸说明是否一致	☐
设计说明	1.6 抗震设防烈度、设计基本地震加速度和所属设计地震分组、结构抗震等级、场地类别、楼面荷载、基本风压、特殊房间荷载值等是否注明并符合规范要求	☐
	1.7 材料的品种、规格、容重限值、设计强度值、强度等级是否表示清楚	☐
	1.8 是否正确使用岩土工程勘察报告所提供的岩土参数，是否正确采用岩土工程勘察报告对基础形式、地基处理、防腐蚀措施（地下水有腐蚀性时）等提出的建议并采取了相应措施	☐
	1.9 必要的施工注意事项、特殊结构及结构的特殊部位、大体积混凝土等施工时应注意的问题是否已标明。根据建设部令第 37 号文要求，说明中应明确涉及危大工程的重点部位和环节	☐
	1.10 钢结构的防火设计文件应注明建筑的耐火等级、构件的设计耐火极限、构件的防火保护措施、防火材料的性能要求及设计指标	☐
	1.11 绿色建筑专项内容（节材与绿色建材内容）	☐
	1.12 装配式专篇内容（选用的预制构件及所占比例等）	☐
平面图	2.1 轴线号及各部分尺寸是否齐全、正确、与建筑图是否一致	☐
	2.2 各构件尺寸及位置（平面尺寸线与定位轴线关系、标高）是否正确、无遗漏	☐
	2.3 构件编号与详图是否一致，与梁、板、墙、柱、基础表是否一致，与计算书是否一致，有无重复或遗漏	☐
	2.4 砌体结构的砖墙、墙垛的厚度、高厚比、最小构造尺寸是否符合规定；砌块及砂浆强度等级及砌筑质量等级是否注明；过梁、圈梁、构造柱、女儿墙和阳台、外廊及楼梯栏板、小柱等小构件的位置、截面、锚固长度等是否表示清楚	☐
	2.5 砌体结构的墙体材料（包括 ±0.000 以下的墙体材料）、房屋总高度、层数、层高、高宽比和横墙最大间距是否符合规范要求	☐
	2.6 在墙体中的留洞、留槽、预埋管道等是否使墙体削弱过多；必要时应验算削弱后的墙体承载力	☐

	检查内容	结论
平面图	2.7 剪力墙厚度及剪力墙和框支剪力墙底部加强部位的确定是否符合规范、规程的规定	☐
	2.8 当楼面梁支承在剪力墙上时，是否按《高规》的要求采取措施增强剪力墙出平面的抗弯能力；配筋构造是否与计算简图一致；应尽量避免楼面梁垂直支承在无翼墙的剪力墙的端部	☐
	2.9 剪力墙结构开设角窗时，该处 L 形连梁应按双悬挑梁复核，该处墙体和楼板应专门进行加强	☐
	2.10 引用详图号及剖面号，与有关专业图纸是否一致	☐
	2.11 预留洞位置及尺寸，与有关专业是否会签一致；洞口加强措施是否合理	☐
	2.12 楼面局部标高变化是否表示清楚	☐
	2.13 板的编号、配筋是否与计算书符合，钢筋间距及配筋率是否符合规定	☐
	2.14 梁上加钢筋混凝土小柱时，平面图上是否表示，有无"生根"措施	☐
	2.15 屋面或楼面水池，其防渗要求、施工缝位置及施工要求是否注明	☐
	2.16 后浇带（如需设置）宽度、位置是否合理	☐
基础平面图	3.1 地基概况	☐
	3.2 持力层名称、位置、承载力标准值	☐
	3.3 基底标高、地基处理措施	☐
	3.4 对施工的有关要求	☐
	3.5 如需沉降观测，是否有其测点布置及埋置详图	☐
	3.6 地沟（坑）、设备基础的标高、地下管井的标高及尺寸是否齐全，与有关专业图纸有无矛盾，对主体基础有无影响	☐
详图	4.1 编号、位置（与定位轴线关系）、标高与平面图是否一致；编号与计算书是否一致	☐
	4.2 构件尺寸、配筋、材料规格等级与计算书及说明书是否一致	☐
	4.3 构造是否符合规定，是否方便施工	☐
	4.4 转换层结构（框支梁、柱、落地剪力墙底部加强部位及转换层楼板）的截面尺寸、配筋和构造是否符合规范要求	☐
	4.5 集中荷载的附加横向钢筋是否配够；悬臂梁主筋锚固长度是否配够；抗扭梁的腰筋及抗扭箍筋是否配够	☐
	4.6 折梁、曲梁、变截面梁与悬臂构件各截面承载力是否满足要求，构造做法是否明确	☐

（续）

	检查内容	结论
详图	4.7 钢筋、箍筋间距及配筋率是否符合规范；梁主筋多排配置是否分别标明	□
	4.8 梁面或板面标高不同时，钢筋位置是否交代清楚	□
	4.9 钢结构柱脚锚栓埋置在基础中的深度，是否符合规范《钢标》第12.7节的要求	□
	4.10 钢构件的螺栓连接，螺栓的最大、最小容许间距（中心间距、边距和施工安装净距）是否符合规范要求	□
计算书	5.1 计算书内容是否完整：主体结构域计算书应包括输入的结构总体计算总信息、周期、振型、地震作用、位移、结构平面简图、荷载平面简图、配筋平面简图等，地基计算，基础计算，人防计算，挡土墙计算，水池计算，楼梯计算等	□
	5.2 结构计算总信息参数输入是否正确，自振周期、振型、层侧向刚度比、带转换层结构的等效侧向刚度比、楼层地震剪力系数、有效质量系数等是否在工程设计的正常范围内并符合规范、规程要求	□
	5.3 层间弹性位移（含最大位移与平均位移的比）、弹塑性变形验算时的弹塑性层间位移；墙、柱轴压比、柱有效计算长度系数等是否符合规范规定	□
	5.4 剪力墙连梁超筋、超限是否按规范《高规》第7.2.26条的要求进行了调整和处理	□
	5.5 地下室顶板和外墙计算，采用的计算简图和荷载取值（包括地下室外墙的地下水压力及地面荷载等）是否符合实际情况，计算方法是否正确	□
	5.6 有人防地下室时，基础结构是否按人防荷载与建筑物荷载的最不利控制	□
	5.7 存在软弱下卧层时，是否对下卧层进行了强度和变形验算	□
	5.8 单桩承载力的确定是否正确，群桩的承载力计算是否正确；桩身混凝土强度是否满足桩的承载力设计要求；当桩周土层产生的沉降超过基桩的沉降时，应根据《桩基规》第5.4.2条考虑桩侧负摩阻力	□
	5.9 需考虑地下水位对地下建筑影响的工程，设计及计算所采用的防水设计水位和抗浮设计水位，是否符合《抗浮标准》所提水位	□
	5.10 基础设计（包括桩基承台），除抗弯计算外，是否进行了抗冲切及抗剪切验算以及必要时的局部受压验算，详见《基规》第8.2.7条	□
	5.11 进行时程分析时，岩土工程勘察报告或场地安评报告是否提供了相关资料，地震波和加速度有效峰值等计算参数的取值是否正确	□

（续）

检查内容		结论
计算书	5.12 转换层上下部结构和转换层结构的计算模型和所采用的软件是否正确；转换层上下层结构侧向刚度比是否符合《高规》附录 E 的规定	☐
	5.13 钢筋混凝土楼盖中，当梁、板跨度较大，或楼面梁高度较小（包括扁梁），或悬臂构件悬臂长度较大时，除承载力外，挠度和裂缝是否满足《混规》第 3.4.3 条、3.4.5 条的要求	☐
	5.14 板柱节点的破坏往往是脆性破坏，在设计无梁楼盖结构的板柱节点时，是否按照《混规》附录 F 进行计算，并留有必要的余地	☐
	5.15 预应力混凝土结构构件，是否根据使用条件进行了承载力计算及变形、抗裂、裂缝宽度、应力及端部锚固区局部承压等验算；是否按具体情况对制作、运输及安装等施工阶段进行了验算	☐
	5.16 砌体结构的砌体抗剪强度是否满足规范要求，门窗洞边形成的小墙垛承压强度是否满足规范要求	☐
	5.17 砌体结构中的悬挑构件，承载力、抗倾覆和砌体局部受压承载力验算是否满足要求	☐
	5.18 钢结构计算采用的钢材和连接材料的强度设计值是否符合规范规定	☐
	5.19 结构构件或连接计算时，单面连接的单角钢及施工条件较差的高空安装焊缝，是否按规范要求将强度设计值乘以相应的折减系数，见《钢标》第 4.4.5 条	☐
	5.20 在建筑物的每一个温度区段内，是否按《钢标》附录 A 的要求设立了独立的空间稳定支撑系统	☐
	5.21 拉弯构件和压弯构件，除强度计算外，是否还进行了平面内和平面外的稳定性计算	☐
	5.22 钢结构是否按照《钢火规》第 3.2.1 条的要求，按结构耐火承载力极限状态进行了耐火验算	☐

9.10 常用手算复核公式

作为一名合格的结构工程师，快速和正确地判断结构构件所受的最大弯矩和剪力并画出弯矩图和剪力图是必须学会的本领。在设计实际工程中，有时候要对结构模型的计算结果进行判断，就要对结构的弯矩和剪力图有个大概的判断。下面列出了常见的各种结构弯矩图的绘制及图例[75]。

1. 常用截面的几何与力学特征

构件常用截面的几何与力学特征见表9.12~表9.17。

表9.12 常用截面几何与力学特征表一

序号	截面简图	截面积A	截面边缘至主轴的距离y	对主轴的惯性矩I	截面抵抗矩W	回转半径i
1		$A = bh$	$y = \dfrac{1}{2}h$	$I = \dfrac{1}{12}bh^3$	$W = \dfrac{1}{6}bh^2$	$i = 0.289h$
2		$A = \dfrac{1}{2}bh$	$y_1 = \dfrac{2}{3}h$ $y_2 = \dfrac{1}{3}h$	$I = \dfrac{1}{36}bh^3$	$W_1 = \dfrac{1}{24}bh^2$ $W_2 = \dfrac{1}{12}bh^2$	$i = 0.236h$
3		$A = \dfrac{1}{2}(b+b_1)h$	$y_1 = \dfrac{(b_1+2b)h}{3(b_1+b)}$ $y_2 = \dfrac{(b+2b_1)h}{3(b_1+b)}$	$I = \dfrac{(b^2+4bb_1+b_1^2)h^3}{36(b+b_1)}$	$W_1 = \dfrac{(b^2+4bb_1+b_1^2)h^2}{12(b_1+2b)}$ $W_2 = \dfrac{(b^2+4bb_1+b_1^2)h^2}{12(2b_1+b)}$	$i = \dfrac{0.236h}{b+b_1}\sqrt{b^2+4bb_1+b_1^2}$

表 9.13　常用截面几何与力学特征表二

序号	截面简图	截面积 A	截面边缘至主轴的距离 y	对主轴的惯性矩 I	截面抵抗矩 W	回转半径 i
4		$A = \dfrac{\pi}{4}d^2$	$y = \dfrac{1}{2}d$	$I = \dfrac{1}{64}\pi d^4$	$W = \dfrac{1}{32}\pi d^3$	$i = \dfrac{1}{4}d$
5		$A = \dfrac{\pi(d^2 - d_1^2)}{4}$	$y = \dfrac{1}{2}d$	$I = \dfrac{\pi}{64}(d^4 - d_1^4)$	$W = \dfrac{\pi}{32}\left(d^3 - \dfrac{d_1^4}{d}\right)$	$i = \dfrac{1}{4}\sqrt{d^2 + d_1^2}$
6		$A = BH - bh$	$y = \dfrac{1}{2}H$	$I = \dfrac{1}{12}(BH^3 - bh^3)$	$W = \dfrac{\pi}{6H}(BH^3 - bh^3)$	$i = 0.289\sqrt{\dfrac{BH^3 - bh^3}{BH - bh}}$
7		$A = a^2 - a_1^2$	$y = \dfrac{a}{\sqrt{2}}$	$I = \dfrac{1}{12}(a^4 - a_1^4)$	$W = 0.118\left(a^3 - \dfrac{a_1^4}{a}\right)$	$i = 0.289\sqrt{a^2 + a_1^2}$

表 9.14　常用截面几何与力学特征表三

序号	截面简图	截面积 A	截面边缘至主轴的距离 y	对主轴的惯性矩 I	截面抵抗矩 W	回转半径 i
8		$A = Bt + bh$	$y_1 = \dfrac{1}{2}\dfrac{bH^2 + (B-b)t^2}{Bt + bh}$ $y_2 = H - y_1$	$I = \dfrac{1}{3}\big[by_2^3 + By_1^3 - (B-b) \times (y_1 - t)^3\big]$	$W_1 = \dfrac{I}{y_1}$ $W_2 = \dfrac{I}{y_2}$	$i = \sqrt{\dfrac{I}{A}}$
9		$A = BH - (B-b)h$	$y = \dfrac{H}{2}$	$I = \dfrac{1}{12}\big[BH^3 - (B-b)h^3\big]$	$W = \dfrac{1}{6H}\big[BH^3 - (B-b)h^3\big]$	$i = 0.289 \times \sqrt{\dfrac{BH^3 - (B-b)h^3}{BH - (B-b)h}}$

（续）

序号	截面简图	截面积 A	截面边缘至主轴的距离 y	对主轴的惯性矩 I	截面抵抗矩 W	回转半径 i
10		$A = B_1 t_1 + B_2 t_2 + bh$	$y_1 = H - y_2$ $y_2 = \dfrac{1}{2} \times \left[\dfrac{bH^2 + (B_2-b)t_2^2 + (B_1-b)(2H-t_1)t_1}{B_1 t_1 + bh + B_2 t_2} \right]$	$I = \dfrac{1}{3}\big[B_2 y_2^3 + B_1 y_1^3 - (B_2-b)(y_2-t_2)^3 - (B_1-b)(y_1-t_1)^3 \big]$	$W_1 = \dfrac{I}{y_1}$ $W_2 = \dfrac{I}{y_2}$	$i = \sqrt{\dfrac{I}{A}}$

表 9.15 常用截面几何与力学特征表四

序号	截面简图	截面积 A	截面边缘至主轴的距离 y	对主轴的惯性矩 I	截面抵抗矩 W	回转半径 i
11		$A = bh + (B-h)t$	$y = \dfrac{1}{2}h$	$I = \dfrac{1}{12}\big[bh^3 + (B-h)t^3 \big]$	$W = \dfrac{bh^3 + (B-h)t^3}{6h}$	$i = 0.289 \times \sqrt{\dfrac{bh^3 + (B-h)t^3}{bh + (B-h)t}}$

| 12 | | $A = BH - (B-b)h$ | $y = \dfrac{1}{2}H$ | $I = \dfrac{1}{12}\left[BH^3 - (B-b)h^3\right]$ | $W = \dfrac{1}{6H}\left[BH^3 - (B-b)h^3\right]$ | $i = 0.289 \times$ $\sqrt{\dfrac{BH^3 - (B-b)h^3}{BH - (B-b)h}}$ |
| 13 | | $A = BH - (B-b)h$ | $y = \dfrac{1}{2}H$ | $I = \dfrac{1}{12}\left[BH^3 - (B-b)h^3\right]$ | $W = \dfrac{1}{6H}\left[BH^3 - (B-b)h^3\right]$ | $i = 0.289 \times$ $\sqrt{\dfrac{BH^3 - (B-b)h^3}{BH - (B-b)h}}$ |

表 9.16　常用截面几何与力学特征表五

序号	截面简图	截面积 A	截面边缘至主轴的距离 y	对主轴的惯性矩 I	截面抗弯矩 W	回转半径 i
14		$A = bH + (B-b)t$	$y_1 = H - y_2$ $y_2 = \dfrac{1}{2} \times$ $\dfrac{bH^2 + (B-b)t^2}{bH + (B-b)t}$	$I = \dfrac{1}{3}\left[By_2^3 - (B-b) \times \right.$ $\left.(y_2 - t)^3 + by_1^3\right]$	$W_1 = \dfrac{I}{y_1}$	$i = \sqrt{\dfrac{I}{A}}$

（续）

序号	截面简图	截面积 A	截面边缘至主轴的距离 y	对主轴的惯性矩 I	截面抵抗矩 W	回转半径 i
15		$A=2\delta(B+H)$ $\delta\leq\dfrac{H}{15}$	$y_1=\dfrac{B}{2}$ $y_2=\dfrac{H}{2}$	$I_x=\dfrac{\delta H^3}{6}\left(3\dfrac{B}{H}+1\right)$ $I_y=\dfrac{\delta B^3}{6}\left(3\dfrac{H}{B}+1\right)$	$W_x=\dfrac{\delta H^2}{3}\left(3\dfrac{B}{H}+1\right)$ $W_y=\dfrac{\delta B^2}{3}\left(3\dfrac{H}{B}+1\right)$	$i_x=0.289H\sqrt{\dfrac{3B+H}{B+H}}$ $i_y=0.289B\sqrt{\dfrac{3H+B}{H+B}}$
16		$A=b(H-h)$	$y_1=\dfrac{b}{2}$ $y_2=\dfrac{H}{2}$	$I_x=\dfrac{b}{12}(H^3-h^3)$ $I_y=\dfrac{b^3}{12}(H-h)$	$W_x=\dfrac{b}{6H}(H^3-h^3)$ $W_y=\dfrac{b^2}{6}(H-h)$	$i_x=0.289\sqrt{H^2+Hh+h^2}$ $i_y=0.289b$

表 9.17 常用截面几何与力学特征表六

序号	截面简图	截面积 A	截面边缘至主轴的距离 y	对主轴的惯性矩 I	截面抵抗矩 W	回转半径 i
17		$A=bh-\dfrac{\pi}{4}d^2$ $=bh-0.785d^2$	$y_1=\dfrac{b}{2}$ $y_2=\dfrac{h}{2}$	$I_x=\dfrac{1}{4}\left(\dfrac{bh^3}{3}-\dfrac{\pi d^4}{16}\right)$ $I_y=\dfrac{1}{4}\left(\dfrac{hb^3}{3}-\dfrac{\pi d^4}{16}\right)$	$W_x=\dfrac{1}{2h}\left(\dfrac{bh^3}{3}-\dfrac{\pi d^4}{16}\right)$ $W_y=\dfrac{1}{2b}\left(\dfrac{hb^3}{3}-\dfrac{\pi d^4}{16}\right)$	$i_x=0.289h\sqrt{\dfrac{1-0.59\frac{d^4}{bh^3}}{1-0.785\frac{d^2}{bh}}}$ $i_y=0.289b\sqrt{\dfrac{1-0.59\frac{d^4}{bh^3}}{1-0.785\frac{d^2}{bh}}}$

序次	图类	图示	面积、重心	惯性矩 I	抵抗矩 W	回转半径 i
18			$A=\dfrac{1}{2}(ab-a_1b_1)$ $y_1=\dfrac{a}{2}$ $y_2=\dfrac{b}{2}$	$I_x=\dfrac{ab^3-a_1b_1^3}{48}$ $I_y=\dfrac{ba^3-b_1a_1^3}{48}$	$W_x=\dfrac{ab^3-a_1b_1^3}{24b}$ $W_y=\dfrac{ba^3-b_1a_1^3}{24a}$	$i_x=\sqrt{\dfrac{ab^3-a_1b_1^3}{24(ab-a_1b_1)}}$ $i_y=\sqrt{\dfrac{ba^3-b_1a_1^3}{24(ab-a_1b_1)}}$
19			$A=\dfrac{\pi d^2}{4}+bd$ $y_1=\dfrac{1}{2}(b+d)$ $y_2=\dfrac{1}{2}d$	$I_x=\dfrac{\pi d^4}{64}+\dfrac{bd^3}{12}$ $I_y=\dfrac{\pi d^4}{64}+\dfrac{bd^3}{6}+\dfrac{\pi b^2 d^2}{16}+\dfrac{db^2}{12}$	$W_x=\dfrac{bd^2}{6}\left(1+\dfrac{3\pi d}{16b}\right)$ $W_y=\dfrac{1}{96(b+d)}\times(3\pi d^4+32bd^3+12\pi b^2 d^2+16db^3)$	$i_x=\sqrt{\dfrac{I_x}{A}}$ $i_y=\sqrt{\dfrac{I_y}{A}}$

2. 单跨梁的内力及变形

（1）简支梁的反力、剪力、弯矩、挠度见表 9.18～表 9.20。

表 9.18　简支梁的反力、剪力、弯矩和挠度表一

序次	图类	图示	项目	计算式
1	荷载		反力	$R_A=R_B=\dfrac{F}{2}$
			剪力	$V_A=R_A;\ V_B=-R_B$

227

结构设计——从概念到细节

（续）

序次	图类	图示	项目	计算式
1	弯矩		弯矩	$M_{max} = \dfrac{1}{4}Fl$
	剪力		挠度	$w_{max} = \dfrac{Fl^3}{48EI}$
	荷载		反力	$R_A = \dfrac{b}{l}F;\ R_B = \dfrac{a}{l}F$
			剪力	$V_A = R_A;\ V_B = -R_B$
2	弯矩		弯矩	$M_{max} = \dfrac{Fab}{l}$
	剪力		挠度	若 $a \geqslant b$ 时，在 $x = \sqrt{\dfrac{a}{3}(a+2b)}$ 处，$w_{max} = \dfrac{Fb}{9EIl}\sqrt{\dfrac{(a^2+2ab)^3}{3}}$
	荷载		反力	$R_A = R_B = F$
3			剪力	$V_A = R_A;\ V_B = -R_B$

228

	荷载		反力	剪力	弯矩	挠度
3	弯矩 剪力				$M_{max} = Fa$	$w_{max} = \dfrac{Fa}{24EI}(3l^2 - 4a^2)$
4	荷载 弯矩 剪力		$R_A = R_B = \dfrac{3}{2}F$	$V_A = R_A$；$V_B = -R_B$	$M_{max} = \dfrac{1}{2}Fl$	$w_{max} = \dfrac{19Fl^3}{384EI}$
5	荷载 弯矩 剪力		$R_A = R_B = \dfrac{1}{2}ql$	$V_A = R_A$；$V_B = -R_B$	$M_{max} = \dfrac{1}{8}ql^2$	$w_{max} = \dfrac{5ql^4}{384EI}$

表 9.19　简支梁的反力、剪力、弯矩和挠度表二

序次	图类	图示	项目	计算式
6	荷载	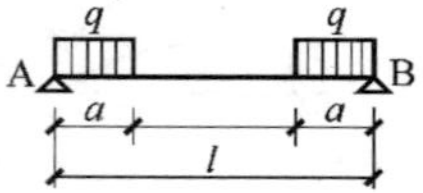	反力	$R_A = R_B = qa$
	弯矩		剪力	$V_A = R_A$；$V_B = -R_B$
	剪力		弯矩	$M_{max} = \dfrac{1}{2}qa^2$
		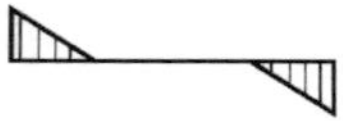	挠度	$w_{max} = \dfrac{qa^2}{48EI}(3l^2 - 2a^2)$
7	荷载	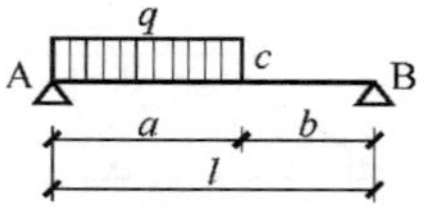	反力	$R_A = \dfrac{qa}{2}\left(2 - \dfrac{a}{l}\right)$；$R_B = \dfrac{qa^2}{2l}$
	弯矩		剪力	$V_A = R_A$；$V_B = -R_B$
	剪力		弯矩	当 $x = a - \dfrac{a^2}{2l}$ 时，$M_{max} = \dfrac{qa^2}{8l}\left(4b + \dfrac{a^2}{l}\right) = \dfrac{qa^2}{8}\left(2 - \dfrac{a}{l}\right)^2$
		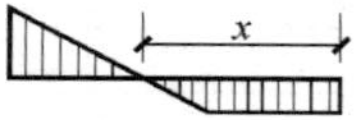	挠度	$w_x = \dfrac{qa^2 l^2}{24EI}\left[\left(2 - \dfrac{a^2}{l^2} - \dfrac{2x^2}{l^2}\right)\dfrac{x}{l} + \dfrac{(x-b)^4}{a^2 l^2}\right]$　（$x \geq b$ 时）

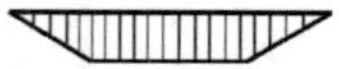

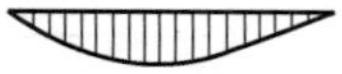

	荷载	弯矩	剪力		荷载	弯矩	剪力
8				9			
反力	$R_A = \dfrac{qb^2}{2l}$；$R_B = \dfrac{qb}{2}\left(2 - \dfrac{b}{l}\right)$			反力	$R_A = R_B = \dfrac{qb}{2}$		
剪力	$V_A = R_A$；$V_B = -R_B$			剪力	$V_A = R_A$；$V_B = -R_B$		
弯矩	当 $x = a + \dfrac{b^2}{2l}$ 时；$M_{max} = \dfrac{qb^2}{8l}\left(4a + \dfrac{b^2}{l^2}\right) = \dfrac{qb}{8}\left(2 - \dfrac{b}{l}\right)^2$（CB 段）			弯矩	$M_{max} = \dfrac{qbl}{8}\left(2 - \dfrac{b}{l}\right)$		
挠度	$w_x = \dfrac{qb^2l^2}{24EI}\left[\left(2 - \dfrac{b^2}{l^2} - \dfrac{2x^2}{l^2}\right)\dfrac{x}{l} + \dfrac{(x-a)^4}{b^2l^2}\right]$			挠度	$w_{max} = \dfrac{qbl^3}{384EI}\left(8 - \dfrac{4b^2}{l^2} + \dfrac{b^3}{l^3}\right)$		

表 9.20　简支梁的反力、剪力、弯矩和挠度表三

序次	图类	图示	项目	计算式
10	荷载	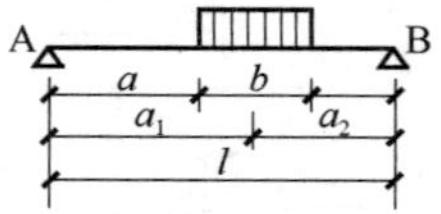	反力	$R_A = \dfrac{qa_2 b}{l}$;　$R_B = \dfrac{qa_1 b}{l}$
	弯矩		剪力	$V_A = R_A$;　$V_B = -R_B$
	剪力		弯矩	$M_{max} = \dfrac{qba_2}{l}\left(a + \dfrac{ba_2}{2l}\right)$
			挠度	$w_{max} = \dfrac{qba_2}{24EI}\left[\left(4l - 4\dfrac{a_2^2}{l} - \dfrac{b^2}{l}\right)x - 4\dfrac{x^3}{l} + \dfrac{(x-a)^4}{ba_2}\right]$ 式中，$x = a + \dfrac{ba_2}{l}$
11	荷载	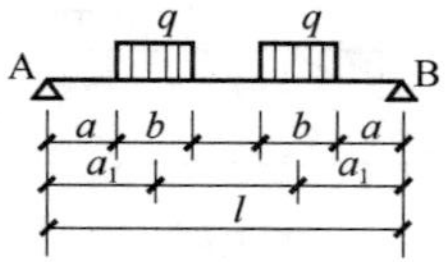	反力	$R_A = R_B = qb$
	弯矩		剪力	$V_A = R_A$;　$V_B = -R_B$
	剪力		弯矩	$M_{max} = qba_1$
			挠度	$w_{max} = \dfrac{qba_1}{2EI}\left(\dfrac{l^2}{4} - \dfrac{a_1^2}{3} - \dfrac{b^2}{12}\right)$

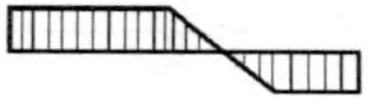

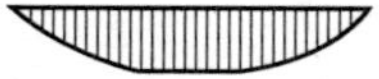

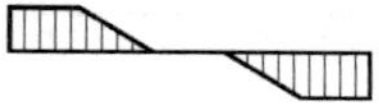

3. 悬臂梁的反力、剪力、弯矩和挠度

悬臂梁的反力、剪力、弯矩和挠度见表 9.21～表 9.23。

表 9.21　悬臂梁的反力、剪力、弯矩和挠度表一

序次	图类	图示	项目	计算式
1	荷载		反力	$R_B = F$
	弯矩		剪力	$V_B = -R_B$
	剪力		弯矩	$M_x = F_x$；$M_{max} = M_B = -Fl$
			挠度	$w_{max} = w_A = \dfrac{Fl^3}{3EI}$
2	荷载		反力	$R_B = F$
	弯矩		剪力	$V_B = -R_B$
	剪力		弯矩	$M_x = -F(x-a)$；$M_{max} = M_B = -Fb$
			挠度	$w_{max} = w_A = \dfrac{Fb^2}{6EI}\left(3 - \dfrac{b}{l}\right)$

表 9.22　悬臂梁的反力、剪力、弯矩和挠度表二

序次	图类	图示	项目	计算式
3	荷载	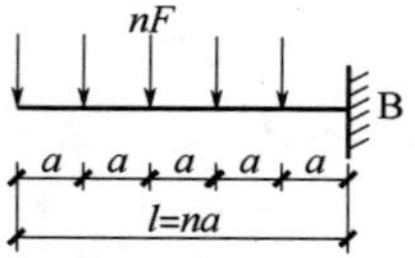 nF　$a \; a \; a \; a \; a$　$l=na$　B	反力	$R_B = nF$
	弯矩		剪力	$V_B = -R_B$
	剪力		弯矩	$M_{max} = M_B = -\dfrac{n+1}{2}Fl$
		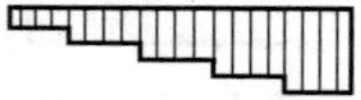	挠度	$w_{max} = w_A = \dfrac{3n^2+4n+1}{24nEI}Fl^3$
4	荷载	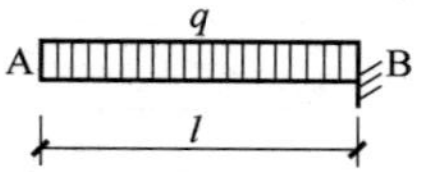 q　l　A B	反力	$R_B = ql$
	弯矩		剪力	$V_B = -R_B$
	剪力		弯矩	$M_{max} = M_B = -\dfrac{ql^2}{2}$
			挠度	$w_{max} = w_A = \dfrac{ql^4}{8EI}$

5	荷载	反力	$R_B = qa$
	弯矩	剪力	$V_B = -R_B$
	剪力	弯矩	$M_{max} = M_B = -\frac{qal}{2}(2-a)$
		挠度	$w_{max} = w_A = \frac{ql^4}{24EI}\left(3 - 4\frac{b^3}{l^3} + \frac{b^4}{l^4}\right)$
6	荷载	反力	$R_B = qb$
	弯矩	剪力	$V_B = -R_B$
	剪力	弯矩	$M_B = -\frac{qb^2}{2}$
		挠度	$w_A = \frac{qb^3 l}{24EI}\left(4 - \frac{b}{l}\right)$

表 9.23 悬臂梁的反力、剪力、弯矩和挠度表三

序次	图类	图示	项目	计算式
7	荷载		反力	$R_B = qc$
	弯矩		剪力	$V_B = -R_B$
	剪力		弯矩	$M_B = -qcb$
			挠度	$w_A = \dfrac{qc}{24EI}(12b^2l - 4b^3 + ac^2)$

4. 一端简支另一端固定梁的反力、剪力、弯矩和挠度

一端简支另一端固定梁的反力、剪力、弯矩和挠度见表 9.24~表 9.26。

表 9.24 一端简支另一端固定梁的反力、剪力、弯矩和挠度表一

序次	图类	图示	项目	计算式
1	荷载		反力	$R_A = \dfrac{5}{16}F$; $R_B = \dfrac{11}{16}F$
	弯矩		剪力	$V_A = R_A$; $V_B = -R_B$
	剪力		弯矩	$M_C = \dfrac{5}{32}Fl$; $M_B = -\dfrac{3}{16}Fl$
			挠度	当 $x = 0.4471$ 时, $w_{max} = 0.00932\dfrac{Fl^3}{EI}$

2	荷载		反力	$R_A = \dfrac{Fb^2}{2l^2}\left(3-\dfrac{b}{l}\right)$;　$R_B = \dfrac{Fa}{2l}\left(3-\dfrac{a^2}{l^2}\right)$
	弯矩		剪力	$V_A = R_A$;　$V_B = -R_B$
	剪力		弯矩	当 $x=a$ 时, $M_{max} = \dfrac{Fab^2}{2l^2}\left(3-\dfrac{b}{l}\right)$
			挠度	CB 段: $u_x = \dfrac{1}{6EI}\left[R_A(3l^2x - x^3) - 3Fb^2x + F(x-a)^3\right]$
3	荷载		反力	$R_A = \dfrac{F}{2}\left(2-3\dfrac{a}{l}+3\dfrac{a^2}{l^2}\right)$;　$R_A = \dfrac{F}{2}\left(2+3\dfrac{a}{l}-3\dfrac{a^2}{l^2}\right)$
	弯矩		剪力	$V_A = R_A$;　$V_B = -R_B$
	剪力		弯矩	$M_{max} = M_C = R_A a$;　$M_B = -\dfrac{3Fa}{2}\left(1-\dfrac{a}{l}\right)$
			挠度	CD 段: $u_x = \dfrac{1}{6EI}\left[R_A(3l^2x - x^3) - 3F(l^2 - 2al + 2a^2)x + F(x-a)^3\right]$

237

表9.25 一端简支另一端固定梁的反力、剪力、弯矩和挠度表二

序次	图类	图示	项目	计算式
4	荷载	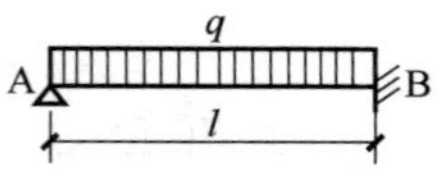	反力	$R_A = \dfrac{3}{8}ql$；$R_B = \dfrac{5}{8}ql$
	弯矩		剪力	$V_A = R_A$；$V_B = -R_B$
	剪力		弯矩	当 $x = \dfrac{3}{8}l$ 时，$M_{max} = \dfrac{9ql^2}{128}$
			挠度	当 $x = 0.422l$ 时，$w_{max} = 0.00542\,\dfrac{ql^4}{EI}$
5	荷载	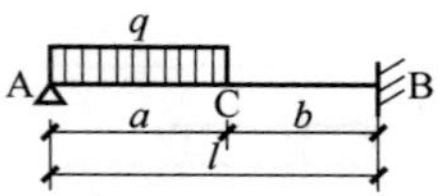	反力	$R_A = \dfrac{qa}{8}(8 - 6\alpha + 3\alpha^3)$；$R_B = \dfrac{qa^2}{8l}(6l - \alpha^2)$；$\alpha = \dfrac{a}{l}$
	弯矩		剪力	$V_A = R_A$；$V_B = -R_B$
	剪力		弯矩	当 $x = \dfrac{R_A}{q}$ 时，$M_{max} = \dfrac{R_A^2}{2q}$
		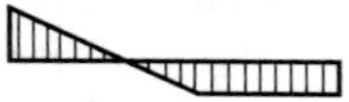	挠度	AC段：$w_x = \dfrac{1}{24EI}\left[4R_A(3l^2x - x^3) - 4qa(3bl + a^2)x + qx^4\right]$ BC段：$w_x = \dfrac{1}{24EI}\left[4R_A(3l^2x - x^3) - qa(a^3 + 12blx) + 6ax^2 - 4x^3\right]$ 当 $x = a$ 时，$w_a = \dfrac{1}{24EI}\left[4aR_A(3l^2 - a^2) - 3qa^2(4lb + a^2)\right]$

序次	图类	图示	项目	计算式
6	荷载		反力	$R_{A}=\dfrac{qb^{3}}{8l^{3}}\left(4-\dfrac{b}{l}\right)$; $R_{B}=\dfrac{qb}{8}\left(8-4\dfrac{b^{2}}{l^{2}}+\dfrac{b^{3}}{l^{3}}\right)$
	弯矩		剪力	$V_{A}=R_{A}$; $V_{B}=-R_{B}$
	剪力		弯矩	当 $x=a+\dfrac{R_{A}}{q}$ 时, $M_{\max}=R_{A}\left(a+\dfrac{R_{A}}{2ql}\right)$
			挠度	AC 段: $w_{x}=\dfrac{1}{6EI}\left[R_{A}(3l^{2}x-x^{3})-qb^{3}x\right]$ BC 段: $w_{x}=\dfrac{1}{24EI}\left[4R_{A}(3l^{2}x-x^{3})-4qb^{3}x+q(x-a)^{4}\right]$ 当 $x=a$ 时: $w_{a}=\dfrac{1}{6EI}\left[aR_{A}(3l^{2}-a^{2})-qb^{3}\right]$

表 9.26　一端简支另一端固定梁的反力、剪力、弯矩和挠度表三

序次	图类	图示	项目	计算式
7	荷载		反力	$R_{A}=\dfrac{qb_{1}}{8l^{3}}(12b_{1}^{2}l-4b_{1}^{3}+ab_{1}^{2})$; $R_{B}=qb_{1}-R_{A}$
			剪力	$V_{A}=R_{A}$; $V_{B}=-R_{B}$

（续）

序次	图类	项目	图示	计算式
7	弯矩	弯矩		当 $x = a_1 + \dfrac{R_A}{q}$ 时，$M_{max} = R_A\left(a_1 + \dfrac{R_A}{2q}\right)$
	剪力	挠度		AC 段： $w_x = \dfrac{1}{24EI}\left[4R_A(3l^2x - x^3) - qb_1(12b^2 + b_1^2)x\right]$ CD 段： $w_x = \dfrac{1}{24EI}\left[4R_A(3l^2x - x^3) - qb_1(12b^2 + b_1^2)x + q(x - a_1)^4\right]$

5. 两端固定梁的反力、剪力、弯矩和挠度

两端固定梁的反力、剪力、弯矩和挠度见表 9.27～表 9.29。

表 9.27 两端固定梁的反力、剪力、弯矩和挠度表一

序次	图类	项目	图示	计算式
1	荷载	反力		$R_A = R_B = \dfrac{1}{2}F$
	弯矩	剪力		$V_A = R_A$；$V_B = -R_B$
	剪力	弯矩		$M_{max} = \dfrac{1}{8}Fl$
		挠度		$w_{max} = \dfrac{Fl^3}{192EI}$

序次	图类	图示	项目	计算式
2	荷载		反力	$R_A = \dfrac{Fb^2}{l^2}\left(1+\dfrac{2a}{l}\right)$; $R_B = \dfrac{Fa^2}{l^2}\left(1+\dfrac{2b}{l}\right)$
	弯矩		剪力	$V_A = R_A$; $V_B = -R_B$
	剪力		弯矩	$M_{max} = M_C = \dfrac{2Fa^2b^2}{l^3}$
			挠度	若 $a>b$, 当 $x = \dfrac{2al}{3a+b}$ 时, $w_{max} = \dfrac{2F}{3EI} \times \dfrac{a^3b^2}{(3a+b)^2}$

表 9.28　两端固定梁的反力、剪力、弯矩和挠度表一

序次	图类	图示	项目	计算式
3	荷载		反力	$R_A = R_B = \dfrac{ql}{2}$
	弯矩		剪力	$V_A = R_A$; $V_B = -R_B$
	剪力		弯矩	$M_{max} = \dfrac{ql^2}{24}$
			挠度	$w_{max} = \dfrac{ql^4}{384EI}$
4	荷载		反力	$R_A = R_B = qa$
	弯矩		剪力	$V_A = R_A$; $V_B = -R_B$
	剪力		弯矩	$M_{max} = \dfrac{qa^3}{3l}$
			挠度	$w_{max} = \dfrac{qa^3l}{24EI}\left(1-\dfrac{a}{l}\right)$

（续）

序次	图类	图示	项目	计算式
5	荷载		反力	$R_A = \dfrac{qa}{2}(2 - 2\alpha^2 + \alpha^3)$; $R_B = \dfrac{qa^3}{2l^2}(2 - \alpha)$; $\alpha = \dfrac{a}{l}$
			剪力	$V_A = R_A$; $V_B = -R_B$
	弯矩		弯矩	$M_A = -\dfrac{qa^2}{12}(6 - 8\alpha + 3\alpha^2)$; $\alpha = \dfrac{a}{l}$ 当 $x = \dfrac{R_A}{q}$ 时, $M_{max} = \dfrac{R_A^2}{2q} + M_A$
	剪力		挠度	AC段: $w_x = \dfrac{1}{6EI}\left(-R_A x^3 - 3M_A x^2 + \dfrac{qx^4}{4}\right)$ BC段: $w_x = \dfrac{1}{6EI}\left[-R_A x^3 - 3M_A x^2 + \dfrac{qa}{4}(a^3 - 4a^2 x + 6ax^2 - 4x^3)\right]$

表 9.29 两端固定梁的反力、剪力、弯矩和挠度表三

序次	图类	图示	项目	计算式
6	荷载		反力	$R_A = R_B = \dfrac{qb}{2}$
			剪力	$V_A = R_A$; $V_B = -R_B$
	弯矩		弯矩	$M_{max} = \dfrac{qbl}{24}\left(3 - 3\dfrac{b}{l} + \dfrac{b^2}{l^2}\right)$
	剪力		挠度	$w_{max} = \dfrac{qbl^3}{384EI}\left(2 - 2\dfrac{b^2}{l^2} + \dfrac{b^3}{l^3}\right)$

6. 外伸梁的反力、剪力、弯矩和挠度

外伸梁的反力、剪力、弯矩和挠度见表 9.30 ~ 表 9.33。

表 9.30　外伸梁的反力、剪力、弯矩和挠度表一

序次	图类	图示	项目	计算式
1	荷载		反力	$R_A = \left(1+\dfrac{a}{l}\right)F$；$R_B = -\dfrac{a}{l}F$
			剪力	$V_C = -F$；$V_B = -R_B = \dfrac{a}{l}F$
			弯矩	$M_{max} = M_A = -Fa$
			挠度	$w_C = \dfrac{Fa^2 l}{3EI}\left(1+\dfrac{a}{l}\right)$ 当 $x = a + 0.5l$ 时，$w_{min} = -0.0642\dfrac{Fal^2}{EI}$
2	荷载		反力	$R_A = R_B = F$
			剪力	$V_A = -R_A$；$V_B = R_B$
			弯矩	$M_A = M_B = -Fa$
			挠度	$w_C = w_D = \dfrac{Fa^2 l}{6EI}\left(3+2\dfrac{a}{l}\right)$ 当 $x = a + 0.5l$ 时，$w_{min} = -\dfrac{Fal^2}{8EI}$

表 9.31　外伸梁的反力、剪力、弯矩和挠度表二

序次	图类	图示	项目	计算式
3	荷载	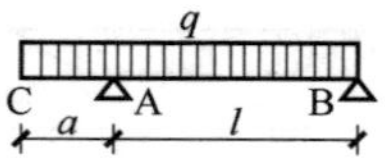	反力	$R_A = \dfrac{ql}{2}\left(1+\dfrac{a}{l}\right)^2$；$R_B = \dfrac{ql}{2}\left(1-\dfrac{a}{l}\right)^2$
	弯矩		剪力	$V_{A左} = -qa$；$V_{A右} = R_A - qa$；$V_B = -R_B$
	剪力		弯矩	$M_A = -\dfrac{1}{2}qa^2$ 若 $l>a$，当 $x = \dfrac{1}{2}\left(1+\dfrac{a}{l}\right)$ 时，$M_{max} = \dfrac{ql^2}{8}\left(1-\dfrac{a^2}{l^2}\right)^2$
			挠度	$w_C = \dfrac{qal^3}{24EI}\left(-1+4\dfrac{a^2}{l^2}+3\dfrac{a^3}{l^3}\right)$
4	荷载	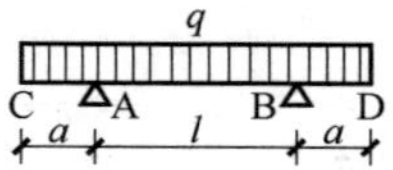	反力	$R_A = R_B = \dfrac{ql}{2}\left(1+2\dfrac{a}{l}\right) = \dfrac{q}{2}(1+2a)$
	弯矩		剪力	$V_{A左} = -qa$；$V_{A右} = \dfrac{1}{2}ql$；$V_{B左} = -\dfrac{1}{2}ql$；$V_{B右} = qa$
	剪力		弯矩	$M_A = M_B = -\dfrac{1}{2}qa^2$；$M_{max} = \dfrac{ql^2}{8}\left(1-4\dfrac{a^2}{l^2}\right)$
			挠度	$w_{max} = \dfrac{ql^4}{384EI}\left(5-24\dfrac{a^2}{l^2}\right)$

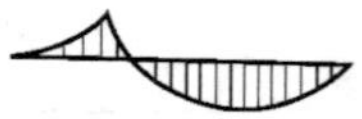

第9章　结构设计审查表格清单

序次	图类	图示	项目	计算式
5	荷载		反力	$R_A = \dfrac{qa}{2}\left(2+\dfrac{a}{l}\right)$; $R_B = -\dfrac{qa^2}{2l}$
	弯矩		剪力	$V_{A左} = -qa$; $V_{A右} = V_B = -R_B = \dfrac{qa^2}{2l}$
	剪力		弯矩	$M_{max} = M_A = -\dfrac{qa^2}{2}$
			挠度	$w_C = \dfrac{qa^3 l}{24EI}\left(4+\dfrac{3a}{l}\right)$ 当 $x = a + 0.423l$ 时, $w_{min} = -0.0321\dfrac{qa^2 l^2}{EI}$

表9.32　外伸梁的反力、剪力、弯矩和挠度表三

序次	图类	图示	项目	计算式
6	荷载		反力	$R_A = R_B = qa$
	弯矩		剪力	$V_A = -R_A$; $V_B = R_B$
	剪力		弯矩	$M_A = M_B = -\dfrac{1}{2}qa^2$
			挠度	$w_C = w_D = \dfrac{qa^3}{8EI}\left(2+\dfrac{a}{l}\right)$ 当 $x = a + 0.5l$ 时, $w_{min} = -\dfrac{qa^2 l^2}{16EI}$

（续）

序次	图类	图示	项目	计算式
7	荷载	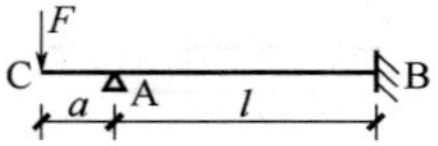	反力	$R_A = \dfrac{F}{2}\left(2 + 3\dfrac{a}{l}\right)$；$R_B = -\dfrac{3Fa}{2l}$
			剪力	$V_A = -R_A$；$V_B = R_B$
	弯矩		弯矩	$M_A = -Fa$；$M_B = \dfrac{Fa}{2}$
	剪力	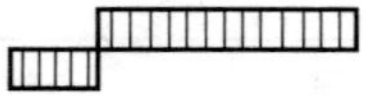	挠度	$w_C = \dfrac{Fa^2 l}{12EI}\left(3 + 4\dfrac{a}{l}\right)$ 当 $x = a + \dfrac{1}{3}$ 时，$w_{min} = -\dfrac{Fa^2}{27EI}$
8	荷载	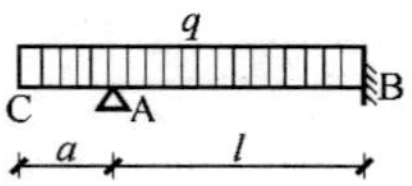	反力	$R_A = \dfrac{ql}{8}\left(3 + 8\dfrac{a}{l} + 6\dfrac{a^2}{l^2}\right)$；$R_B = \dfrac{ql}{8}\left(5 - 6\dfrac{a^2}{l^2}\right)$
			剪力	$V_{A左} = -qa$；$V_{A右} = R_B$；$V_B = -R_B$
	弯矩	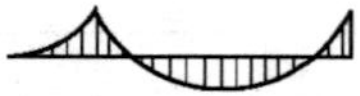	弯矩	$M_A = -\dfrac{qa^2}{2}$；$M_B = -\dfrac{ql^2}{8}\left(1 - 2\dfrac{a^2}{l^2}\right)$
	剪力		挠度	$w_C = \dfrac{qal^3}{48EI}\left(-1 + 6\dfrac{a^2}{l^2} + 6\dfrac{a^3}{l^3}\right)$

序次	图类	图示	项目	计算式
9	荷载		反力	$R_A = \dfrac{qa}{4}\left(4+3\dfrac{a}{l}\right)$; $R_B = -\dfrac{3qa^2}{4l}$
	弯矩		剪力	$V_{A左} = -qa$; $V_{A右} = V_B = R_B$
	剪力		弯矩	$M_A = -\dfrac{qa^2}{2}$; $M_B = \dfrac{qa^2}{4}$
			挠度	$w_C = \dfrac{qa^3}{8EI}\left(1+\dfrac{a}{l}\right)$

表 9.33 外伸梁的反力、剪力、弯矩和挠度表四

序次	图类	图示	项目	计算式
10	荷载		反力	$R_A = -\dfrac{3M}{2l}$; $R_B = \dfrac{3M}{2l}$
	弯矩		剪力	$V_A = -R_A$; $V_B = -R_B$
	剪力		弯矩	$M_A = M$; $M_B = -\dfrac{M}{2}$
			挠度	$w_C = -\dfrac{Mal}{4EI}\left(1+2\dfrac{a}{l}\right)$ 当 $x = a+\dfrac{l}{3}$ 时，$w_{max} = \dfrac{Ml^2}{27EI}$

附录 书中引用的规范标准简称

（1）建筑结构荷载规范 GB 50009—2012，简称《荷载规》

（2）混凝土结构设计规范（2015 年版）GB 50010—2010，简称《混规》

（3）建筑抗震设计规范（2016 年版）GB 50011—2010，简称《抗规》

（4）钢结构设计标准 GB 50017—2017，简称《钢标》

（5）建筑结构可靠性设计统一标准 GB 50068—2018，简称《可靠性标准》

（6）砌体结构设计规范 GB 50003—2011，简称《砌规》

（7）建筑地基基础设计规范 GB 50007—2011，简称《基规》

（8）高层建筑混凝土结构技术规程 JGJ 3—2010，简称《高规》

（9）建筑工程抗震设防分类标准 GB 50223—2008，简称《设防标准》

（10）建筑工程抗浮技术标准 JGJ 476—2019，简称《抗浮标准》

（11）高层建筑岩土工程勘察标准 JGJ/T 72—2017，简称《高岩土标》

（12）工业建筑防腐蚀设计标准 GB/T 50046—2018，简称《防腐蚀标准》

（13）建筑设计防火规范 GB 50016—2014，简称《建规》

（14）建筑机电工程抗震设计规范 GB 50981—2014，简称《机抗规》

（15）建筑钢结构防火技术规范 GB 51249—2017，简称《钢火规》

（16）门式刚架轻型房屋钢结构技术规范 GB 51022—2015，简称《门规》

（17）中国地震动参数区划图 GB 18306—2015，简称《地震区划图》

（18）地下工程防水技术规范 GB 50108—2008，简称《地下防水规》

（19）建筑变形测量规范 JGJ 8—2016，简称《变测规》

（20）建筑桩基技术规范 JGJ 94—2008，简称《桩基规》

（21）非结构构件抗震设计规范 JGJ 339—2015，简称《非抗规》

（22）高层民用建筑钢结构技术规程 JGJ 99—2015，简称《高钢规》

（23）全国民用建筑工程设计技术措施—结构(结构体系) 2009JSCS—2，简称《技术措施》(结构体系)

后　记

每一位结构大师都是从小项目开始一点一滴慢慢积累成长起来的。不要刚开始设计工程就想做大项目，新人还不具备那个能力，往往无形中反而把自己逼到绝境，承受了不该承受的压力。其实工程不在大小，俗话说"麻雀虽小五脏俱全"，小项目包含的设计知识和规范要点一点也不比大工程少。对于新人来说，除了跟着师傅做工程外，别忘了多学习规范。大学专业课程无论学得多好，实际工程比拼的是对规范的掌握程度。施工图审查更是以规范强制性条文为"圭臬"对施工图进行审查。还有一些年轻人自认为结构设计会熟练运用软件就行了，绘制施工图速度比老同志是快，但图纸质量实在不敢恭维。本人在施工图审查中就常遇到这种情况：一个小项目审图中发现违反强制性条文多达几十条。其实随着对结构设计理解和实践的深入，只要打算长期从事结构设计，规范是绕不开的一道坎，所以在工作业余时，建议多研读专业规范和标准，否则违反强制性条文被处罚就得不偿失了。

不要轻易地选择，更不要轻言放弃。别一遇到设计瓶颈就想转行。设计行业压力大，其他行业内卷依然不轻。别等到十几年过去后，才发现自己熟悉的行业好像很多，但每一个专业学得都不精。要知道这是一个专业大分工的时代，尤其是搞结构设计的人一定要术业有专攻，大部分人不是天才，学好一门就行。

结构设计不能急功近利，要一步一个脚印。不要羡慕少部分一次通过注册考试的人，那些多年通过坚持不懈努力而通过注册考试的工程师更让人值得敬佩。

一个新人工作后应具备三大能力：自学能力、独立思考能力和专业能力。

1. 自学能力

时时刻刻记住，没有人能帮你。即便有师傅带，如果你自己不努力提升自己，那么在不久的将来，你与同行的差距，就不仅仅是专业水平，还有工资和奖金。

2. 独立思考能力

当你具有一定独立思考的能力后，就会发现因不同的知识背景，相同的规范条文，不同人有不同的理解，有些时候甚至分歧很大。另外，不同规范对同一问题的不同要求也导致了对规范条文的不同解读。因此，相比较于一个特定的计算公式或某一个系数，掌握规范的原则更重要，比如《混规》第 5.1.4 条内容应该是全本规范的灵魂，可概括为："力学平衡方程，变形协调（几何）条件和本构（物理）关系"。三条为纲，纲举目张。其中力学平衡条件必须满足，变形协调条件应在不同程度上予以满足，本构关系则需合理地选用。这就需要根据具体工程条件得出自己认为最合理的结论。因此别人给出了建议，却不能帮你承担由此带来的责任。

3. 专业能力

1）掌握专业知识（专业课程、规范标准、手册图集）。这是从事结构设计的基本条件。

2）计算机操作能力（专业软件＋绘图软件）。这是必须熟练掌握的设计工具，专业软件帮助建模计算，绘图软件帮助绘制施工图。

3）创新思维和创造力（力学为基础，规范为准绳）。这是设计的方向和追求，是结构工程师对社会的最大贡献。

专业能力就是把以上三点综合运用的能力，并懂得根据具体工程在理论和现实中取舍。

其实，一个人的进步，心智的成熟，专业能力的提高，背后是长年累月、一点一滴的付出。我们今天打磨自己，是因为对未来还有期待。

参 考 文 献

[1] 中国建筑科学研究院．建筑结构荷载规范：GB 50009—2012 [S]．北京：中国建筑工业出版社，2012.

[2] 中国建筑科学研究院．混凝土结构设计规范（2015 年版）：GB 50010—2010 [S]．北京：中国建筑工业出版社，2015.

[3] 中国建筑科学研究院．建筑抗震设计规范（2016 年版）：GB 50011—2010 [S]．北京：中国建筑工业出版社，2016.

[4] 中冶京城工程技术有限公司．钢结构设计标准：GB 50017—2017 [S]．北京：中国建筑工业出版社，2017.

[5] 中国建筑东北设计研究院有限公司．砌体结构设计规范：GB 50003—2011 [S]．北京：中国建筑工业出版社，2011.

[6] 中国建筑科学研究院．建筑地基基础设计规范：GB 50007—2011 [S]．北京：中国建筑工业出版社，2017.

[7] 中国建筑科学研究院．高层建筑混凝土结构技术规程：JGJ3—2010 [S]．北京：中国建筑工业出版社，2010.

[8] 中国建筑科学研究院．建筑工程抗震设防分类标准：GB 50223—2008 [S]．北京：中国建筑工业出版社，2008.

[9] 中国建筑设计院有限公司．建筑机电工程抗震设计规范：GB 50981—2014 [S]．北京：中国建筑工业出版社，2014.

[10] 中国建筑西南勘察设计研究院有限公司．建筑工程抗浮技术标准：JGJ 476—2019 [S]．北京：中国建筑工业出版社，2019.

[11] 机械工业勘察设计研究院有限公司．高层建筑岩土工程勘察标准：JGJ/T 72—2017 [S]．北京：中国建筑工业出版社，2017.

[12] 公安部天津消防研究所．建筑设计防火规范：GB 50016—2014 [S]．北京：中国计划出版社，2018.

[13] 同济大学．建筑钢结构防火技术规范：GB 51249—2017 [S]．北京：中国计划出版社，2017.

[14] 龙驭球，包世华．结构力学 I　基本教程 [M]．北京：高等教育出版

社，2006.

[15] 比尔·阿迪斯．创造力和创新——结构工程师对设计的贡献 [M]．高立人，译．北京：中国建筑工业出版社，2008.

[16] 国家标准建筑抗震规范管理组．建筑抗震设计规范 GB 50011—2010 统一培训教材 [M]．北京：地震出版社，2010.

[17] 高小旺，等．建筑抗震设计规范理解与应用 [M]．北京：中国建筑工业出版社，2002.

[18] 徐培福，等．高层建筑混凝土结构技术规程理解与应用 [M]．北京：中国建筑工业出版社，2003.

[19] 林同炎，等．结构概念和体系 [M]．北京：中国建筑工业出版社，1985.

[20] 高立人，等．高层建筑结构概念设计 [M]．北京：中国计划出版社，2005.

[21] 黄真，林少培．现代结构设计的概念与方法 [M]．北京：中国建筑工业出版社，2010.

[22] 罗福午，等．建筑结构概念设计与案例 [M]．北京：清华大学出版社，2003.

[23] 江见鲸，等．建筑概念设计与选型 [M]．北京：机械工业出版社，2004.

[24] 孙芳垂，等．建筑结构设计优化案例分析 [M]．北京：中国建筑工业出版社，2011.

[25] 王秀丽．大跨度空间钢结构分析与概念设计 [M]．北京：机械工业出版社，2008.

[26] 郁彦．高层建筑结构概念设计 [M]．北京：中国铁道出版社，1999.

[27] 方鄂华．高层建筑钢筋混凝土结构概念设计 [M]．北京：机械工业出版社，2004.

[28] 北京市建筑设计研究院有限公司．建筑结构专业技术措施（2019 版）[M]．北京：中国建筑工业出版社，2019.

[29] 李国强．多高层建筑钢结构设计 [M]．北京：中国建筑工业出版社，2004.

[30] 夏颂祺，等．钢架 [M]．北京：化学工业出版社，2004.

[31] 中国建筑设计院有限公司．结构设计统一技术措施（2018）[M]．北京：

中国建筑工业出版社，2018.

[32] 周献祥. 概念设计的概念 [M]. 北京：机械工业出版社，2020.

[33] 徐有邻，等. 混凝土结构设计规范理解与应用 [M]. 北京：中国建筑工业出版社，2002.

[34] 李永康，等. 建筑工程施工图审查常见问题详解——结构专业 [M]. 2 版. 北京：机械工业出版社，2013.

[35] 李永康，等. PKPM V3.2 结构软件应用与设计实例 [M]. 北京：机械工业出版社，2018.

[36] 刘铮. 建筑结构设计快速入门 [M]. 2 版. 北京：中国电力出版社，2011.

[37] 上官子昌. 混凝土结构设计禁忌手册 [M]. 2 版. 北京：机械工业出版社，2012.

[38] 徐传亮，等. 建筑结构设计优化及实例 [M]. 北京：中国建筑工业出版社，2012.

[39] 王铁梦. 工程结构裂缝控制 [M]. 北京：中国建筑工业出版社，1997.

[40] SOM. 旧金山国际机场——结构工程 [R]. 加州旧金山，2000.

[41] 段雪炜，等. 重庆朝天门长江大桥主桥设计与技术特点 [J]. 桥梁建设，2010 (2).

[42] 刘晴云，等. 浦东国际机场 T2 航站楼钢屋盖设计研究 [C]. 中国建筑学会建筑结构分会学术交流会. 2006.

[43] 张爵扬，等. 石家庄国际会展中心双向悬索结构整体稳定性分析 [J]. 建筑结构学报，2020 (3).

[44] 屈立军. 钢筋混凝土梁式简支构件耐火极限计算 [J]. 消防科技，1989 (4).

[45] 赵西安. 高层建筑结构实用设计方法 [M]. 3 版. 上海：同济大学出版社，1998.

[46] 方鄂华，钱稼茹，马镇炎. 高层钢结构基本周期的经验公式 [J]. 建筑结构学报，1993，14 (2).

[47] 徐培福，等. 高层建筑结构自振周期与结构高度关系及合理范围研究 [J]. 土木工程学报，2014，47 (2).

［48］沈蒲生，等．我国高层及超高层建筑的基本自振周期［J］．建筑结构，2014，44（18）．

［49］张小勇，等．高层建筑结构基于整体稳定的周期上限研究［J］．建筑结构，2015，45（14）．

［50］沈祖炎．必须还钢结构轻、快、好、省的本来面目［C］．影响中国——中国钢结构产业高峰论坛．2010．

［51］调查组．江西喜多橙农产品有限公司果品车间在建工程"12.30"较大坍塌事故调查报告［R］．2021．

［52］中国赴日地震考察团．日本阪神大地震考察［M］．北京：地震出版社，1995．

［53］法扎德·奈姆．抗震设计手册［M］．高立人，译．北京：中国建筑工业出版社，2008．

［54］CHARLES E. REYNOLDS；JAMES C. STEEDMAN；ANTHONY J. THREL-FALL. Reinforced Concrete Designer's Handbook［M］.11th ed. London；New York：Taylor & Francis, 2008.

［55］曹万林，等．轻质填充墙异型柱框架结构层刚度及其衰减过程的研究［J］．建筑结构学报，1995（05）．

［56］王晓敏．填充墙对钢筋混凝土框架结构抗震性能影响［D］．哈尔滨工业大学，2009．

［57］关国雄，等．钢筋混凝土框架砖填充墙结构抗震性能的研究［J］．地震工程与工程振动，1996（01）．

［58］中国建筑西南设计研究院有限公司．结构设计统一技术措施［M］．北京：中国建筑工业出版社，2020．

［59］田安国．结构设计中的协同工作原则［J］．淮海工学院学报，1999（36）．

［60］高立人，王跃．结构设计的新思路——概念设计［J］．工业建筑，1999（01）．

［61］张元坤，李盛勇．刚度理论在结构设计中的作用和体现［J］．建筑结构，2003，33（2）．

［62］童岳生，等．填充墙框架的工作性能及设计计算［J］．西安建筑科技大学学报（自然科学版），1983．

[63] 中国建筑科学研究院 PKPM 工程部 . SATWE 用户手册［Z］. 北京：2010.

[64] 北京盈建科软件股份有限公司 . 结构计算软件 YJK-A 用户手册及技术条件［Z］. 2020.

[65] 上海同磊土木工程技术有限公司 . 3D3S DesignV2020 使用手册［Z］. 2020.

[66] 稻盛和夫 . 思维方式［M］. 曹寓刚，译 . 北京：东方出版社，2018.

[67] 阿图·葛文德 . 清单革命［M］. 王佳艺，译 . 杭州：浙江人民出版社，2012.

[68] 周瑞 . 高烈度地震区短跨框架梁设计方法探讨［J］. 建筑结构，2011，41（8）.

[69] 时旭东，过镇海 . 不同混凝土保护层厚度钢筋混凝土梁的耐火性能［J］. 工业建筑，1996，26（9）.

[70] 秦权，聂宇 . 非结构构件和设备的抗震设计和简化计算方法［J］. 建筑结构学报，2001，22（03）.

[71] 秦权，李瑛 . 非结构构件和设备的抗震设计楼面谱［J］. 清华大学学报：自然科学版，1997，37（06）：82-86.

[72] 李宏男，国巍 . 楼板谱研究述评［J］. 世界地震工程，2006，22（02）.

[73] 张建霖，杨智春 . 随机输入条件下的楼层反应谱分析［J］. 西北工业大学学报，2003，21（06）.

[74] 丁幼亮，等 . 建筑抗震支吊架地震作用计算方法评述［J］. 结构设计，2017（11）.

[75] 建筑结构静力计算手册编写组 . 建筑结构静力计算手册［M］. 2 版 . 北京：中国建筑工业出版社，1998.